楼宇电气新技术

芮静康　主编

中国建筑工业出版社

图书在版编目（CIP）数据

楼宇电气新技术/芮静康主编. —北京：中国建筑
工业出版社，2007
ISBN 978-7-112-09363-2

Ⅰ. 楼… Ⅱ. 芮… Ⅲ. 智能建筑-电气设备
Ⅳ. TU85

中国版本图书馆 CIP 数据核字（2007）第 070963 号

楼宇电气新技术

芮静康 主编

*

中国建筑工业出版社出版、发行（北京西郊百万庄）
各地新华书店、建筑书店经销
霸州市顺浩图文科技发展有限公司制版
北京建筑工业印刷厂印刷

*

开本：850×1168 毫米 1/32 印张：9⅛ 字数：245 千字
2007 年 8 月第一版 2007 年 8 月第一次印刷
印数：1—3500 册 定价：**25.00** 元
ISBN 978-7-112-09363-2
（16027）

本书介绍了智能大厦、智能小区、智能家居和智能建筑的概念；IN智能网和宽带智能网技术；ATM技术；电磁兼容技术和相关设计技术；网络拓扑和局域网等相关技术；建筑中移动通信系统的工作方法和有关移动通信系统的设计等智能建筑的电气新技术。

　　本书内容翔实，概念准确，图文并茂，有一定理论水平，但没有过于繁杂的数字分析，使文化程度稍低的读者容易看懂，便于使用，可供建筑电气设计人员和电气工程技术人员阅读，也可供有关专业的大专院校师生参考。

＊　　＊　　＊

责任编辑：唐炳文
责任设计：董建平
责任校对：兰曼利　刘　钰

编审委员会

前　　言

　　随着国民经济的发展，智能建筑大量兴起，楼宇电气技术更新迅速，新技术新产品不断出现。广大从事智能建筑电气设计和工程技术人员，由于工作的需要，迫切想了解建筑电气新技术，为此我们编写这本小册子，以满足广大电气工作者的要求。

　　本书共分六章，内容包括：第一章绪论，介绍了智能建筑的概念和技术内容；第二章智能网技术，介绍了智能网的概念，IN 的国际标准，IN 支持的业务，智能网应用协议，IN 与移动网综合的基本原理及应用，IN 与 Internet 的互联以及宽带智能网的特点和结构；第三章宽带综合业务数字网技术，重点介绍了ATM 技术、ATM 交换机、通信网接口、ATM 通信网信令，以及宽带接入网技术，这些新技术在智能建筑的现代通信系统中得到了广泛的应用；第四章电磁兼容，介绍了智能建筑的电磁环境，电磁兼容的基本原理，屏蔽技术，滤波器设计技术，无线电频率的电磁兼容设计以及计算机中的电磁兼容技术。电磁兼容问题是一个多学科技术，也是困扰电工界人士的问题，本书不仅提出这个问题的概念，更重要的是提出一些有效的解决办法；第五章计算机网络技术，介绍了计算机网络的分类、拓扑结构、开放系统互联参考模型，网络互连设备，IEEE802 局域网标准系列，以太网系列、串行通信的接口标准，TCP/IP 协议，以及计算机网络与智能建筑各子系统的关系和有线电视网等；第六章建筑中的移动通信系统，介绍了电波传播和移动通信的有关问题。

　　本书内容新款，概念准确、图文并茂，有一定的理论水平。本书可供建筑电气设计人员和电气工程技术人员阅读，也可供相关专业的大专院校师生教学参考。相信会对传统的电气工作者知识更新有所帮助。

本书由芮静康任编审委员会主任，并兼任主编，由余友山、王福忠、王新、吴冰任副主任，由张燕杰、耿立、谭炳华任副主任，其他编作者详见编审委员会名单。

本书在编写过程中得到编审委许多领导、专家、教授的大力支持，以及所在单位的大力协助，在此一并表示深深的谢意。

由于作者水平有限，错漏之处在所难免，敬请广大读者和专业同仁批评指正。

芮静康　于北京

2007.5.1

目 录

第一章 绪 论

第二章 智能网技术

第三章　宽带综合业务数字网技术

第四章　电 磁 兼 容

第六章　建筑中的移动通信系统

第一章 绪 论

第一节 智能建筑

一、智能建筑概念

自从 20 世纪 80 年代初世界上第一座智能大厦（IB，Intelligent Building）落成于美国以来，智能建筑得到了世界范围的广泛关注，其相关技术在西方经济发达国家得到了迅猛的发展。按照美国智能建筑协会的体系，可以将智能建筑概括为："对建筑的结构、系统、服务和管理这四个基本要素进行优化，使其为用户提供一个高效率且具有经济效益的环境"。在我国，一个被广为接受的描述性定义是这样的："通过对建筑物的四个基本要素，即结构、系统、服务和管理以及它们之间的内在联系，以最优化的设计，采用最先进的计算机技术（Computer Technology）、控制技术（Control Technology）、通信技术（Communication Technology）和图形显示技术（CRT）的所谓 4C 技术，建立一个由计算机系统管理的一体化集成系统，提供一个投资合理，又拥有高效、幽雅、舒适、便利、高度安全的环境空间。同时，智能建筑能帮助业主和物业管理者在费用开支、生活舒适、商务活动和人身安全等方面的利益有最大限度的回报"。这一描述包含两层含义：一是智能建筑对使用者的承诺：提供全面、高质量、安全舒适、高效快捷、灵活应变的综合服务功能；二是智能建筑应具备的特征：采用多种信息的传输、处理、监控、管理以及一体化集成的高新技术，以实现信息、资源和任务的共享，达到优化建设投资，降低运营成本和提高利润的目的。因此，智能建筑的实现目标是在先进的软/硬件环境中，用科学的管理，提供高效的服务，实现高额的回报，并且系统具有充分的灵活性和适应能力。从这个定义可以看出，只要是带有智能化的建筑物，并具有这样的功能，便可以称之为智能建筑。智能建筑是一个具有广泛内涵的概念。

二、智能大厦

一般说来，智能大厦是智能建筑中的一大类，是智能建筑的一种主要形式，它经常是指智能化的商业办公楼、写字楼、金融机构办公楼、政府机关办公楼等。在许多场合，人们经常不加区分地使用智能大厦或智能建筑一词。

智能大厦一般都装备有 3A 系统，即：楼宇自动化系统（Building Automation System，BAS）、办公自动化系统（Office Automation System，OAS）和通信自动化系统（Communication Automation System，CAS）。除此之外，有些智能大厦还包括：

（1）安保自动化系统（Security Automation System，SAS）；

（2）火灾报警系统（Fire Alarm System，FAS）；

（3）卫星及公用天线系统（Central Antenna Television，CATV），近年的提法是：卫星及有线电视系统；

（4）车库管理系统（Car Parking Management System，CPMS）；

（5）智能卡系统（Smark Card System，SCS）。

这些子系统使大厦具有一种高度安全和防御灾害的能力，并制造了一个舒适的工作空间，同时可以对大厦进行科学管理，实现节约能源和保护环境的目的。

这里需要特别补充说明的是：智能大厦与智能建筑是有区别的。

说起智能大厦，人们总是将它等同于智能建筑，这在智能大厦刚刚产生的年代不会引起异义，因为当时智能建筑的主要形式就是商业用的智能化大楼。然而，随着整个智能化过程的发展，将智能大厦等同于智能建筑，则有很多不妥之处。

我们知道，建筑是一个通称，它包括建筑物和构筑物两类。凡是供人在其中生产、生活或其他活动的房屋或场所都叫"建筑物"，如住宅、学校、办公楼、电影院等。而人们不在其中生产、生活的建筑则叫"构筑物"，如纪念碑、水塔、堤坝等。就建筑物来说，按使用性质可以分为：

（1）民用建筑——非生产性建筑，如住宅、商业办公楼、学校等；

（2）工业建筑——工业生产性建筑，如主要生产厂房、辅助生产厂房等；

（3）农业建筑——指农副业生产建筑，如粮仓、畜禽饲养场等。

因此，传统意义上所说的智能建筑，实际上特指智能化民用建筑中的商业办公楼。目前这种智能化民用建筑不仅包括智能化商业楼，即智能大厦，而且还包括智能化住宅小区，即智能小区以及智能住宅，或智能家居。可以说，智能建筑是一个大的动态概念，它随着时代发展有不同的内涵。昨天的智能建筑只包括智能大厦，今天的智能建筑则包括智能大厦和智能小区、智能家居，当然，明天还会包括更新的内容。因此，智能建筑与智能大厦、智能小区、智能家居的关系如图 1-1 所示。

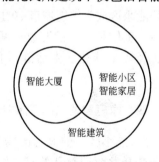

图 1-1　智能建筑与智能大厦、智能小区、智能家居的关系

三、智能小区与住宅小区智能化系统

智能住宅小区（Intelligent Home）（以下简称智能小区）是智能建筑的一种，也是智能建筑的新成员。简单地讲，具有住宅小区智能化系统（Intelligent System for House，ISH）的小区即称为智能小区。

所谓住宅小区智能化系统（以下简称小区智能化系统），是以科学技术为基础，依靠先进的设备和科学的管理，利用计算机及相关的最新技术，将传统的土木建筑技术与计算机技术、自动控制技术、通信与信息处理技术、多媒体技术等先进技术相结合的自动化系统。它以节约能源，降低运行成本，提高住宅小区基础物业管理、安全防范管理以及信息服务等方面的自动化程度和综合服务水平为特征，为小区用户提供安全、舒适、方便、快捷和信息高度通畅的家居环境。小区智能化系统一般包括以下子系统：

(1) 安全防范子系统（Security System，SS）；

(2) 信息管理子系统（Information Management System，IMS）；

(3) 信息网络子系统（Information Network System，INS）。

小区智能化系统将全面改变人们的生活环境和生活方式，它使智能小区成为智能城市中的重要智能节点。智能住宅将是人们生活、工作和学习的开放空间，它将更好地适应当前社会信息化、经济全球化、生活舒适化以及环境绿色化的发展方向和潮流。

四、家庭智能化的基本概念

"智能小区"的概念已经在我国房地产业中炒得沸沸扬扬，房地产开发商们都开始打"智能化住宅"的牌子来吸引住户买房。实际上，"智能小区"是具有中国特色的关于住宅类型的说法，在美国、加拿大等发达国家和地区，人们并不提"智能小区"的概念，其原因在于：一方面在这些国家中，人们居住的地理位置十分分散，很难形成像我国这样的大面积、成片开发的住宅小区；另一方面，这些国家的人们更加注意家庭的自动化和网络化，更加注重"智能住宅"。因此"智能化家庭"或"智能化住宅"或"智能化家居"的说法在国外用得更广泛。

目前，有两个经典的"智能化家庭"模型系统：一个是1998年5月在新加坡举办的"98亚洲家庭电器与电子消费品国

4

际展览会"上推出的新加坡模式的"未来之家"家庭智能化系统;另一个是 Echelon 公司推出的 Lonworks"网络化家庭"演示系统。在"未来之家"家庭智能化系统里,早晨起床时间一到,卧室音响设备就会自动播放屋主人爱听的"起床曲"唤醒主人,卧房浴室的电灯也会在主人进入梳洗时自动亮起,厨房的煮咖啡器也自动煮水,等主人出来时,就有热腾腾的咖啡等着他。在客厅里,主人只需要轻轻按动综合功能遥控器,就可以十分方便地通过家庭影院系统播放电视节目、VOD 点播、DVD 播放、网上查询邮件和当天的重要新闻,以及多媒体游戏,主人出门后,家庭智能化系统就会自动启动安全保卫系统,一旦有人非法进入住宅或发生意外事故(如火灾、煤气泄漏、老人疾病紧急求助),系统就会立即自动拨电话通知主人,或向有关部门报警;主人下班回家前,可以通过电话遥控家中的空调机并调节到舒适的温度上。在"网络化家庭"中,主人通过掌上电脑即可以启动微波炉工作;设定空调机的工作温度;启动或关闭空调机;打开电视机,选择自己喜爱的电视节目;控制诸如窗帘的开启与关闭等等。上述许多功能还可以通过电话来实现。应该说,上述两个典型的"智能化家庭"是人们对未来家庭的某种理解和认识,在某种程度上,具有很高的自动化程度,在某些方面也具有很强的代表性。然而,它们仍然属于自动化或网络化家庭的一部分,或者说是智能化家庭的初级阶段,还不能算作真正智能化家庭。之所以这样认为,其原因在于前者要求主人在某种程度上要适应"系统"的固定程式,而实际上主人的需求可能每天都在变化,它没有反映出主人的个性需求;后者仅使各种家庭电器设施网络化,没有体现出智能化的一面。两者要么通过电话拨号控制,要么通过手动控制,控制用媒体单一,不能很好地满足主人的需要。当然,客观地讲,这两个经典之作在过去看来是非常智能化的,在现在看来也是高度自动化的。但从现在的眼光来看,它们的智能化程度是有限的。这也反映了"智能化"的概念和内涵会随着时代和技术的进步在不断变化。

第二节 智能大厦的功能

智能大厦系统 IBS (Intelligent Building System) 的功能，包括楼宇自动化系统 BAS (Building Automation System)、通信自动化系统 CAS (Communication Automation System) 和办公自动化系统 OAS (Office Automation System) 三大部分，简称 3A 系统〔根据我国的具体国情，又将 BAS 系统中的消防自动化系统 FAS (Fire Automaion System) 和安保自动化系统 SAS (Security Automation System) 从原楼宇自动化系统中分列出来，因而国内又有人称 IBS 为 5A 系统〕，并设有适应信息化要求的基本环境——综合布线系统。智能大厦的功能如图 1-2 所示。

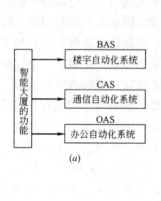
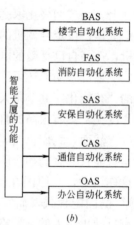

图 1-2 智能大厦的功能
(a) 3A 系统；(b) 5A 系统

一、楼宇自动化系统 (BAS)

楼宇自动化系统，按照设备类型来划分，可以分为 9 个子系统，如图 1-3 所示。

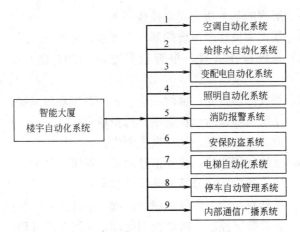

图 1-3　楼宇自动化系统的组成

　　这个系统是以计算机为核心，并带有各种传感器和执行机构的综合监控系统，用于对楼内电力、空调、照明、电梯和给排水等设施进行集中检测，分散操作控制、管理，以达到安全、节能、经济和舒适的综合目标。楼宇自动化系统应与消防自动化系统（自动检测、自动报警、自动喷淋）和安保自动化系统（闭路电视监控、防盗报警）连成一体，实现一元化的监测和控制，对现代化大楼来说，这是必要的配置。楼宇自动化系统对建筑物内设备进行监控和管理，并通过以下几个方面来加以实现。

　　1. 楼宇自动化系统的网络结构

　　楼宇自动化管理系统的计算机网络结构，一般采用分布式集散型网络体系，通过中央计算机系统的通信网络，将分布在监控现场的区域智能分站联系起来，共同完成集中操作管理和分散控制执行。

　　整个 BAS 系统由如图 1-3 所示的若干子系统组成。在 BAS系统中，可分为下列三个层面：

　　第一层：集中化的中央管理层；

　　第二层：自主化的智能区域分站；

　　第三层：智能化的信息采样和控制点。

各个层次的基本功能简单描述如下：

第一层：中央管理系统的基本功能是：

（1）系统操作管理、报警信息显示打印、图形文字显示控制；

（2）系统操作指导、辅助功能设定、系统规程编制；

（3）系统故障诊断、控制模式选择设定；

（4）设备节能控制、统计报表制作；

（5）系统远程通信、快速信息检索、系统信息传输。

第二层：智能区域分站的基本功能是：

（1）采样点与调制点的处理、控制、事件/时间响应处理；

（2）直接数字控制、阶梯控制处理、系统节能管理；

（3）分散电子需求控制、高级循环控制模式、时间区间划分；

（4）数学计算功能、逻辑运算功能、趋势运行记录；

（5）警报锁定、紧急报警。

第三层：信息采样和控制点系统的基本功能是：

（1）各类传感器的选择、控制点的设置、采样区域的设定；

（2）采样信息的模拟/数字（A/D）转换、滤波处理和显示打印；

（3）控制点采样值的处理/统计和分析。

2. 楼宇自动化系统的基本功能

（1）空调自动化系统，即供热、通风及空调系统。供热、通风及空调系统是楼宇管理系统中一个重要的子系统，该子系统为供热、通风及空调机电设备提供优化控制方案。其基本控制功能包括：设备控制、循环控制、时间区控制、最佳启动/停止控制、数学功能、逻辑功能、趋势运行记录、报警管理等。

1）设备控制：系统的智能分站，提供不同的模式驱动模拟或数字输出，以控制外部设备。

2）循环控制：系统的智能分站的循环控制，将过程变量（传感器读数或计算变量）与需要的设置点相比较，输出信号代表过程变量和设置点之间的误差。从循环控制可以得到若干种报警输出。

3）时间区控制：在每一个智能分站内，装备有占用时间区组件，可以用来设定一系列的设备运行时间表，被控制的设备就按照设定的时间表运行。

4）最佳启动/停止：伴随每一个时间区间，都有一种最佳启动/停止控制方法，使室内温度、室外温度和加热/制冷介质温度与大楼本身的损耗/收益相关联，并能进行自适应处理。

5）数学功能：智能分站可以为供热、通风及空调系统提供不同类型的数学功能软件，提供转换能量的一个范围。该软件可以用转换功能来选择。

6）紧急报警：一般的报警是报告到系统的中心，并用一种基本的固定格式打印出来紧急报警功能，将每个警报送到网络上的指定地点，这个地点可以是一台远程监控终端、报表打印机，或者是自动拨号器的控制盘和无线寻呼系统。

（2）给排水自动化系统。给排水系统主要是指饮用水的提供设施。该系统由系统管理中心提供监测和操作控制，主要监测内容包括：地下水池水位的监测和预警，饮用水水箱水位的监测和预警，污水池水位过高的预警，废水池水位过高的预警，水泵的电压、电流、水压、流量、电动机温度的检测，同时，可以自动操作控制水泵的启动/停止以及阀门的运转及其状态监测，并由系统管理中心制定检修和保养计划，打印检修工作单及故障提示，自动切换备用水泵。

（3）变、配电自动化系统。变、配电系统的主要功能是通过系统管理中心提供对于建筑物内的高、低压配电室及所有变、配电设备的监视报警和管理控制，提供对于重要电气设备的控制程序、时间程序和相应的联动程序。

1）监视报警的基本功能：

① 电网运行状态的巡检和报警；

② 电网及备用发电机组电压检测和用电量统计；

③ 变、配电室的火灾自动报警，以及油位等基本参数的测量；

④ 变、配电室及其周围的防盗，对重大、关键设施联动录像监视；

⑤ 作为智能终端与电网上位控制计算机进行数据通信，组成电网大系统网络检测管理系统；

⑥ 以直观、生动的断面模型，显示监测系统的状态参数，并可以指定局部断面放大，运行历史记录显示；

⑦ 检测频度和回路数由软件调节，通过简单操作的可封闭或开放，任意监控回路，预置或修改报警上下限。

2) 管理和程序控制：系统可以预先根据日历或时间表，预定时程，进而自动定时控制各机电设备的运行和停止。

① 电力恢复程序：停电后，当外部电源恢复供给时，系统将会把紧急电源再度切换为外部电源供电，电力恢复程序将停电前的动力设备，采用自动或手动方式重新逐一启动。

② 停电/发电机组负载分散控制程序：当发生停电时，系统管理中心将自动发出控制指令，在停电之瞬间启动发电机，并按发电机的容量、顺序、优先级启动负载。

当电力恢复供给时，可按负载需求的状况来重新设置系统负载，使设备达到监视管理的需求。

（4）照明自动化系统。照明控制系统对于建筑物内的照明设备，实现管理和控制，同时配合系统的部分联动程序，完成以下功能：

1) 照明设备组的时间程序控制：可将建筑物内的照明设备分成若干个组别，以时间区域划分，来设定对于这些照明设备组的开启/关闭控制。

2) 照明设备组的联动功能：当建筑物内有突发事件时，需要照明设备组作出相应的联动配合。当有火警时，联动照明系统关闭，应急灯打开；当有安保报警时，联动相应区域的照明灯开启。

（5）消防报警系统。该系统由火灾报警系统及自动喷淋系统组成。

1）火灾报警系统：大楼内各楼层均设有火警报警探测器、火警报警按钮、对讲机、警铃、红色警示灯等设备，一旦发生火警，由探测器感知，将报警信号送至中央监控室，由中央监控探明事故地点，通过紧急广播系统及时通告，以疏散人员。同时，与火灾报警系统联动的送排风系统、给排水系统的自动喷淋系统（也可用气体、固体灭火设备）启动或关闭，防止火势蔓延。在及时疏散人员、保证人员安全的前提下，作出灭火的各种措施，以控制火势发展。火灾报警系统，还设有专线，及时与119报警电话取得联系。

2）自动喷淋系统：大楼的自动喷淋系统，可以根据具体要求，采用水喷淋、一氧化碳气体喷淋或干粉等固体喷淋系统，一旦出现火情，立即予以灭火。

（6）安保防盗系统。安保防盗系统由防盗报警系统、出入口控制系统、闭路电视 CCTV（Closed Circuit Television）监控系统和巡视管理系统组成。

1）防盗报警系统：该系统的基本功能是，对非法进入安全防范区域的犯罪分子，向系统管理中心或安保部门终端发出报警信号。在大楼的大厅、电梯口、通道等安装红外/微波双鉴探测器鉴别，向系统管理中心发出报警信号，同时联动闭路电视监控系统，将该报警区域摄像机的图像送至监控室主监视器的电视屏幕上，并记录在录像机上。

2）出入口控制系统：该系统对通行门、出入口通道、电梯行人出入进行监视和控制。当通行门开/关时，安装在门上的门磁开关会向系统管理中心发出该门开/关的状态信号。同时，系统管理中心将该门开/关的时间、状态、门地址可记录在硬盘中。对需要重点监视、控制和身份识别的门，如金库门、控制室、计算机房、总经理室、配电室等，除了安装门磁开关、电控锁之外，还要安装读卡机。也可以把智能卡读卡机安装在电梯里，用智能卡来控制电梯的运行，少量电梯的运行，还可以根据持卡人卡中的级别和楼层限制进行控制，电梯只能升降到卡中所限制的那一层。同时，系统管理中心将记录电梯使用者的姓名、时间、楼层等资料，从而确保整个建筑物的高度安全性。

3）闭路电视（CCTV）监控系统：该系统的主要功能是协助安保系统对于建筑物内的现场实况进行实时监视。系统主要由黑白或彩色摄像机、视频图像变换、切换主机、监视器、图像分割器和录像机等组成。在通常情况下，多台电视摄像机监视公共场所，如交易大厅、停车库、重要的出入口处的人员活动情况。当安保系统发生报警时，例如防盗报警或出入口控制报警时，由系统联动摄像机或报警区域多台摄像机的画面同时切换到监视器或屏幕上，并由录像机联动记录现场的实况。

4）巡视管理系统：该系统的主要功能是保证安保人员能够按时、顺利地对建筑物的各巡视点进行巡视，并保护巡视人员的安全。通常，在巡视的路线上安装巡视开关，巡视安保人员在规定的时间区域内到达指定的巡视点，并且用专用钥匙开启巡视开关，向系统中心发出"巡视到位"信号，系统管理中心同时记录下巡视到位的时间、巡视点编号。如果在规定的时间内，指定的巡视点未发出"到位"信号，则该巡视点将发出报警信号，如果未按顺序开启巡视开关，则未巡视到的巡视点也会发出未巡视状态信号，并记录在系统管理中心。

（7）电梯自动化系统。该系统通过对建筑物内多台电梯实行集中的控制和管理，并配合楼宇管理系统的部分子系统，执行联动，完成以下功能：

1）电梯组的群控功能：该功能自动检测电梯运行的繁忙程度，控制电梯组的开启/停止的台数，节省能源。同时，通过系统管理中心在图形显示器上直接监视每部电梯的运行状态。当电梯发生故障时，向系统管理中心报警。

2）电梯组的安保管理功能：该功能可以具体设定。例如，凡是安装了智能卡读卡机的电梯，都必须持有智能卡通行证才可以进入读卡，电梯读卡机会根据智能卡中记录的安保级别或指定楼层，使电梯自动运行到规定的楼层。

3) 电梯组的联动功能：当建筑物内发生异常事件时，往往需要电梯组作出相应的联动配合。因为楼宇管理系统是一个多子系统的集成管理系统，可以比较容易地完成多种事件情况发生时的联动程序。例如，当发生火警时，联动电梯组全部下降至楼宇的底层；当出现防盗报警时，电梯会停止在程序的指定层或报警所相应的楼层。

（8）停车库自动管理系统。通常，现代化的高层建筑都设有停车库自动管理系统，该系统具有自动/半自动收费及打印资料等功能，分别由中央电脑收费系统、入口站和出口站等组成。

该系统能够适用于短时间（计时）停车用户，也可以适用于持有季度票卡的用户以及适用于储值票卡的用户。对于持有储值票卡的用户，在每次停车时无需经过缴费手续，只需在车辆离库时，经过刷卡动作，系统电脑即能自动计算停车的时间，并在储值票卡中扣除相应的金额。

这种系统也可以配有车牌自动识别系统，防止盗车事件的发生；还可设有停车位统计及车位引导系统，以方便用户停车。

（9）内部通信广播系统。建筑物内的内部通信和广播系统，包括安保方面的对话与监听系统、火灾报警系统的广播系统两种。

1) 对讲与监听系统：通常，在系统管理中心安装直接对讲和监听系统，主要功能是通过直接对讲系统，向下属部门或子系统控制室下达控制命令，了解工作状况。对于系统管理中心控制室等重要部门都应安装紧急对讲系统和现场监听系统，使中心控制室能够通过声、光、电的信号传输，全面掌握现场动态。

2) 火灾报警广播系统：通常在建筑物大楼内，每一楼层都安装有广播扬声器，火警或严重事故时，及时通知和引导建筑物内的人员疏散和行动。

二、通信自动化系统（CAS）

1. 通信自动化系统的主要功能

这个系统是智能大厦的中枢系统，包括以数字式程控交换机为核心的电话通信网和传真通信网；建立计算机局域网，连接各种型号的网络工作站和计算机终端，接通分布式数据库，实现高速信息传输及电子邮件功能，确保数字、文字、声音、图形和图像信息的高速流通；楼宇通信网还应与公共广域网（如电话网、电报网、计算机广域网、卫星通信网等）连接，并与市内、国内和国外的有关部门实现信息共享服务。

不同功能和用途的大楼，对通信的要求有所不同，并且，信息产业部门还要根据实际应用需求，提供相应的应用系统。一般来说，CAS 系统要求实现如下功能：

（1）通信光纤进大楼，提供楼内语音和数据通信网络；

（2）提供楼内用户与 Internet、DDN（Digital Data Network）网络的通信路由；

（3）提供与远程用户进行卫星 SC（Satellite Communication）通信的通信路由；

（4）提供有线电视 CATV（Cable Television）传输系统；

（5）提供分组交换网的功能；

（6）提供电子邮件（E-mail）服务；

（7）提供可视图文业务。

总之，要求 CAS 系统不仅满足基本的语音传输要求，而且要求实现数据、图像等多媒体信息的传输，极大地方便用户对各种信息进行的获取和交换。

2. 通信自动化系统的基本组成

智能大厦通信自动化系统由 9 个子系统组成，如图 1-4 所示。下面对各子系统的功能作一简要说明。

（1）程控电话系统。程控交换机系统可根据用户需求，设置相应容量（门数）的系统设备。程控交换机系统可采用数字式，应该具有电脑话务员的服务功能、分组用户服务功能、电子号簿服务功能、直接拨入或拨出功能、自动计费功能等等。还应根据用户需要，配备光缆接口、ISDN（Integrated Service Digital

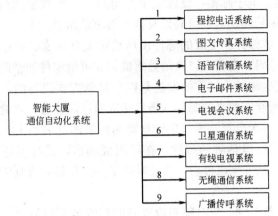

图 1-4　通信自动化系统的组成

Network）接口、X. 25 接口、X. 400 接口、卫星通信接口和数据通信接口（异步及同步）等方式的通信接口。

（2）图文传真系统。该系统能够利用公共电话线路或专用线路，实现图文传真的收发功能；能够利用计算机应用软件系统，通过计算机网络，实现各网络工作站的传真发送和接收工作。

（3）语音信箱系统。该系统能对外来语音进行存储，并能进行留言显示，提示用户取出信箱中的电子信件。

（4）电子邮件（E-mail）系统。电子邮件传递是指从邮件进入系统到被收信者接收为止对邮件进行处理的全过程。电子邮件系统是一个适用于任意两台以上计算机进行邮件传递服务的系统，它以常规的邮政系统为基础，把要发送的文件按照去向不同，为之建立信箱，其中包括收信人姓名、所在信箱号码及发信人姓名，并自动生成发信的日期和时间。通过选择，还可以使信件正文进行多级加密或不加密处理。每个 E-mail 的用户都要在工作站上注册信箱号码，同一信箱可以有不同的收件人。邮件的分发，通常采用屏幕阅读、打印和转存等方式，使收信人得到邮件。

通常，电子邮件系统具有以下主要功能：

1）建立电子邮箱：设置电子邮箱的特征参数驱动路径。其中包括邮箱号码、电话号码以及接收端驱动路径。

2）生成邮件：生成的邮件由所传送文件正文、收信人、收信人信箱号码、发信人以及邮戳组成，并可给邮件加密码。

3）发送邮件：邮件的发送是以全自动方式进行的，即发送工作站内所有有意义的邮件（指发送邮箱已注册过，有对应的电话号码），一次全部处理（系统自动为待发邮件名加上扩展名）；所有发往同一电话处的邮件，在呼叫成功后，成批发往该远程站；向某一站发完邮件后，自动呼叫下一工作站，直到所有邮件发完为止。

4）接收邮件：可对邮箱内收到的邮件名进行显示；也可对邮箱内某一收信人邮件名进行显示；并可对信件正文进行显示、打印、存储和清除。

（5）电视会议系统。该系统可通过具有视频压缩技术的设备向使用者显示图像，并进行同步通话。

该系统使分散在各地的与会者，通过电视屏幕看到其他参加会议的人员，并听到他们的声音，从而可以互相交流。从技术上讲，需要装备具有电子摄像和播放设备的会议厅，以及容量极大的数字通信线路或者频带很宽的模拟信号线路。图像和声音信息由现场摄像、录音，经信息压缩后，由电话线路传输到各个地方，然后，再对各处的接收信号经解压后播放出来。

（6）卫星通信系统。即甚小孔径终端VSAT（Very Small Aperture Terminal）。它是指利用人造地球卫星作为中继站转发无线电信号，在多个地面站之间进行的通信。由VSAT（亦即小型地面站）组成的卫星通信系统通常有两种组网方式：星状网和网状网。星状网是主站结构网，网中各远端地面站和中心主站间通过卫星可建立双向通信，各端站之间不能直接进行通信，要通过主站实现；网状网是无主站结构，网中远端任意两站之间可以不通过干线主站转发直接进行双向通信，可实现点-点、点-多点、多点-多点的语音、数据和图像的传输，还可组成电视电话会议。

由于 VSAT 系统具有通信距离远、质量好、可靠性高；不受地形、气候等自然条件变化的影响；建站成本、通信费用与通信距离无关，性能/价格比高；通信种类多（语音、数据、图像、传真、电传、电视会议等）；组网灵活，设备体积小，安装简单，操作使用方便，见效快；便于和国家公共网并网通信及信息交换等特点。所以，近年来，VSAT 系统已被广泛应用于世界各地。

建设一个实用的卫星通信系统，合理地选择符合使用要求的 VSAT 系统是非常重要的问题，要从本部门、本系统的实际出发，在充分了解 VSAT 技术性能和产品特点的基础上，因地制宜，满足通信要求，使其产生更好的效益。

（7）有线电视（CATV）系统。该系统即为共用电视天线系统（含闭路电视系统）用户提供本地的电视节目和建筑物内闭路（自制）电视节目，并能联通卫星通信系统用来提供国内、国外不加密或加密的电视节目和加密的数据信息。

（8）无绳通信系统。微小区域（建筑物内）无绳通信（电话）系统。其作用在于当通话者（主叫或被叫）不在办公室里、而在微小区域系统覆盖范围内的其他地方时，可通过该系统来实现双向通信。

（9）广播传呼系统。公共广播传呼系统应向建筑物内公共场所等处提供低分贝的、优雅舒适的开、闭路多音源的信号节目，节能提供公共的传呼信息。该系统可与 BAS 系统中的紧急广播系统结合在一起考虑，进行紧急播音传呼。

三、办公自动化系统（OAS）

1. 办公自动化系统的主要功能

这个系统是智能大厦的基本功能系统，它由大楼的计算机信息网、信息库、高性能的计算机和办公自动化设备与相应的应用软件系统组成，其主要作用是实现办公管理、商业管理、物业管理、财务管理和辅助决策等功能。

2. 办公自动化系统的基本组成

这个系统由 9 个子系统组成，如图 1-5 所示。

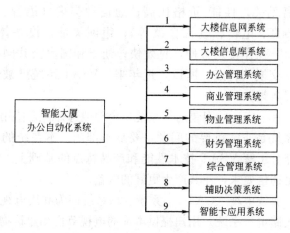

图 1-5　办公自动化系统的组成

下面对各个子系统的功能作—简要说明。

（1）大楼信息网系统。通过通信自动化系统的硬件路由，利用计算机主干网、局域网和应用网，与计算机广域网、DDN 网等实现联结，组成大楼信息网系统，获取广泛的时事新闻、科技资料、商业情报和金融信息，它们可以通过 Internet 网络、甚小孔径终端（VSAT）和 DDN 网络等采用 E-mail 等方式得到，实现信息资源共享。

（2）大楼信息库系统。根据大楼的办公、商务、物业、财务等方面管理的需要，信息库系统能将大楼信息网可获取的信息，作为信息—并作为大楼信息库资源的信息库，也可以作为与其他楼宇、单位及公共网络进行信息交流的资源。

（3）办公管理系统。该系统实现大楼内的办公事务管理功能，包括人事管理、考勤管理、劳动合同管理、培训管理、工资管理和文书档案管理等具体事务。

（4）商业管理系统。该系统实现大楼内的商业管理功能，包括销售管理、进货管理、仓库管理、业务管理、资金管理、综合查询和后台管理等具体事务。

（5）物业管理系统。该系统实现楼内物业管理功能，包括物业销售管理、电话计费管理、会议服务管理、物料管理和车库管理等具体事务。

（6）财务管理系统。该系统实现楼内财务管理功能，包括凭证管理、账簿管理、报表管理以及系统设置和系统维护等事务。

（7）综合管理系统。该系统实现楼内餐饮服务、娱乐服务和购物服务等综合管理事务，并实现旅馆管理服务工作。

（8）辅助决策系统。该系统为领导层提供效益统计决策资料，包括趋势分析和市场预测等方面的辅助决策资料，并提出优化处理的可选决策方案供领导参考。

（9）智能卡应用系统。办公室自动化系统为大楼内部管理机构提供一个管理网络，通过智能卡（或磁卡）对大楼的门禁、信箱、工资、车辆调度、水、电、空调、停车库收费、职工考勤和人事档案等实现计算机管理。

四、建筑物综合布线系统（PDS）

这个系统的作用是将建筑物中的计算机系统、电话系统和不间断电源系统等合成一个结构一致、材料相同、管理统一的完整实体。其实质是将智能大厦中的BAS（含 FAS、SAS）、CAS、OAS 系统能够有机地联系起来，如图 1-6 所示。

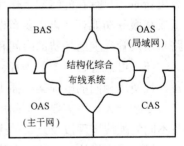

图 1-6　建筑物综合布线系统

智能大厦综合布线系统一般采用高品质的非屏蔽双绞线 UTP（Unshieled Twisted Pair）或光缆取代以往的同轴电缆和专用线绳，实现数据、语音和图像的高速传输，解决线间串扰和电磁辐射干扰等难题，利用型号齐全的适配器，就可以将几乎所有系统都纳入到结构化布线系统中来。

1. 非结构化布线系统的缺点

在普通的楼宇建筑布线中，将空调、照明、电话和电脑等布线工作分别进行，这种非结构化布线系统具有如下缺点：

（1）没有统一的传输介质；

（2）更改费用昂贵；

（3）缺乏灵活性；

（4）由于需要由承接厂商或布线商提供布线系统的更改方案，所以用户无法控制更改系统所需花费的时间、经费。

2. 建筑物综合布线系统的特点

综合布线系统能够提供楼宇内部或楼与楼之间的布线连接，解决电话、电话交换机、数据处理设备、个人电脑、局域网络及办公室仪器的连接，并实现点与点、用户端与用户端以及终端机与主机的连接。

综合布线系统具有如下特点：

（1）以一套标准的配线系统，综合了所有的语音、数据、图像与监控设备终端插头插入标准的信息插座内，即任一信息插座能够连接不同类型的设备打印机、电话机、传真机等，非常灵活实用。

（2）当用户需要变更办公室空间、搬动办公室或进行设备升级更新时，自行在配线架上作简单灵活的跳线，即可改变系统的组成和服务功能，不再需要布设新线缆和新插孔，大大减少了线路布放及管理上所耗费的时间和经费。

（3）可兼容各厂家的语音、数据设备，还可兼容模拟图像设备，且使用相同的电缆架、插头和模块插孔，因而无论布线系统多么复杂庞大，不需要与不同厂商进行协调，可以为不同设备准备不同的配线零件以及复杂的线路标示与管理线路图。

（4）采用模块化设计，布线系统中，除固定于建筑物内的水平线缆外，其余所有的接插件都是积木式标准件，易于扩充及重新配置。因此，当用户因企业发展而需要增加配线时，不会影响整个布线系统，保护了客户先前在布线方面的投资。

（5）为所有语音、数据和图像设备提供了一套实用、灵活、可扩展的模块化介质通路，用户可根据实际情况将各弱电系统分步实施，即需要实施某一子系统时只需将该系统的主机和终端直接挂在综合布线系统上，从而免除了用户在建楼时的后顾之忧。

（6）采用积木式结构能将当前和未来的语音及数据设备、互联设备、网络管理产品方便地扩展进去，是真正面向未来的先进技术。值得一提的是，综合业务数字网（ISDN）的基群速率接口采用与综合布线系统相同的 8 脚模块化插座和 4 对内部引线，并且，综合布线系统支持的数据传播高于 ISDN 的基群速率，符合 ISDN 规范。因此，现今的电话网发展成为外布线。

综合布线系统很好地解决了传统布线中所存在的许多问题，用该系统取代昂贵、繁杂的传统布线系统，这是信息时代的要求，也是历史发展的必然趋势。

在我国智能建筑领域中，综合布线系统主要采用如下标准：

（1）《商务建筑电信布线标准》（ANSI/EIA/TIA568A）；

（2）《建筑与建筑群综合布线系统工程设计规范》（CECS 72.97）；

（3）《建筑与建筑群综合布线工程施工及验收规范》（CECS 89.97）。

其中，ANSI/EIA/TIA568A 是一种美国标准；CECS 72.97 和 CECS 89.97 是中国工程建设标准化协会颁布的标准，该标准是在美国标准基础上结合我国特点编制的，它和美国标准一样，将综合布线系统划分为 6 个子系统。它们是：建筑群子系统、垂直子系统、水平子系统、管理子系统、设备间子系统和工作区子系统。

第三节　智能小区系统

一、智能小区的基本要求

尽管智能小区出现时间很短，但它的出现和发展已经引起了国内外业界人士的高度重视。人们对住宅功能要求的不断扩大和房地产开发商利益的直接驱动以及相关科技的迅猛发展，为智能小区的迅速发展提供了可能和机遇。

1. 智能小区的建设要求

1999 年，建设部出台的《全国住宅小区智能化系统示范工程建设要点与技术导则》，给智能住宅小区提供了国家标准。

首先，智能小区要满足住宅规划设计的要求。

智能小区应符合建设"文明居住环境"的总体目标和"五要一保"（即：科技含量要确保、厨卫设备要配套、装修一次要完好、住房改革要兑现、物业管理要达标和标准灵活保适销）的实施原则。其具体要求如下：

（1）智能小区规划设计水平不得低于《国家 2000 年小康型城乡住宅科技产业工程示范小区规划导则》的规定。

（2）智能小区工程验收标准不得低于《国家 2000 年小康型城乡住宅科技产业工程综合成果验收量化指标体系》的规定。

实际上，这两条要求是对建筑本体的设计质量的规定。

其次，智能小区要满足住宅性能认定要求。

智能小区的性能认定要求是检验智能小区是否满足不同星级小区规划设计的具体要求，该要求实际上包括对建筑和智能化系统的要求。小区智能化系统的星级规定，将在后面介绍。

最后，智能小区的物业管理要满足良好运行的要求。

智能小区是一项系统工程，不是简单地将优良建筑与智能设备相堆砌。合理的建筑结构设计、优良的施工质量以及完善的基础设施是智能小区建设的基本前提和基础；智能化的设备和良好的系统集成是实现智能小区的手段和途径，是住宅小区智能化程度的集中体现，也是衡量住宅小区智能化程度的关键。这两者构成了智能小区的"硬件"。而配套完善的物业管理和优质的服务是住宅小区智能化系统良好运行的根本保证，是整个住宅小区综合水平必不可少的组成部分，它是智能小区的"软件"。只有将软硬件紧密结合起来，才能真正实现智能小区。因此，智能小区是这三者的有机结合，而绝不是自动化设备的简单堆砌，三者缺一不可，三者的关系如图 1-7 所示。

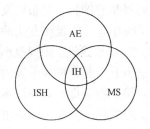

AE: 优良的建筑结构与质量和完善的基础设施

ISH: 优良的住宅小区智能化系统

MS: 配套完善的物业管理和优质服务

IH: 智能小区

图 1-7 智能小区组成关系

2. 智能小区的主要特征

对于智能小区来说，智能化不是目的，而是手段，通过智能化系统，来营造良好的小区环境。具体地说，智能小区除应具备前面所述的特征外还应提供以下各种环境：

（1）安全环境。小区应能实现防火、防盗、防燃气泄漏、防抢等安全要求；住宅既不应该像鸟笼，家家窗户安装防盗栅栏，也不应该像兵营，保安整日到处巡视。智能小区应采用高科技手段，保障居民人身和财产的安全，使居民在住宅小区里有充分的安全感。

（2）绿色环境。一方面，小区应拥有一定面积的绿地，实现良好绿化与人工景观和住宅设计的和谐统一，为社区文化提供天然绿色环境；另一方面，利用高科技手段，节约能源，实现太阳能利用和水的循环再生利用，控制废水和垃圾污染，降低热岛效应，减少噪声污染，实现高层次的绿色住宅。

（3）开放环境。利用网络技术与多媒体技术，为住户提供图像、视频、语音、文本等多种媒体信息的选择，实现与外界方便、通畅的交流，足不出户地享受各种社会服务（包括购物、教育、医疗和娱乐等），参加各种社会活动（如家庭办公和社交活动），同时也形成一种新的社区文化环境。

（4）服务环境。利用高科技手段，实现物业管理自动化、科学化、程式化、公开化。"自动化"主要反映在水表、电表、燃气表、热能表等多表的自动记录或远程抄录，实现主要设备的自动检测及报警，各种费用的自动收取，各种信息的自动发布以及各种设备的自动控制等；"科学化"则反映在运行体制和方法的正确性，排除人为干扰因素，细化管理过程；"程式化"则规范小区物业运行行为，保证科学性的实现；"公开化"是指增加小区物业管理的透明度，实现住户的透明消费，保证物业良好运作。不难看出，物业管理的"自动化、科学化、程式化、公开式"突出了服务的思想，突出了以人为本的智能小区建设宗旨，突出了用户就是上帝的服务精神。图 1-8 给出了智能小区特征示意图。

图 1-8　智能小区特征示意图

可以看出，智能小区具有以下特点：

（1）高科技性。这是智能小区的首要特征。智能小区就是利用各种高科技手段，通过系统软硬件集成，全面改善人们的生活环境、生活方式和生活内容。

（2）动态性。也称时间性。今天的高科技，明天可能就是普通技术；今天是智能小区的重要组成内容，明天就可能是普通住宅小区的一部分。这是由科学技术发展的高速性决定的。

（3）综合性。智能小区不再像传统住宅那样仅仅提供居住环境，它将是居住、工作、学习和娱乐的综合场所。人们可以通过高速互联网，进行各种各样的活动，使人们足不出户地实现工作、学习、娱乐、购物、医疗、旅游、社交等各种目的。

（4）服务性。智能小区从设计、施工到运行，始终围绕为住户服务这个宗旨，让住户住得放心、住得安心、住得省心、住得舒心。

3. 智能小区的等级划分

目前，国家规定对小区智能化系统采用星级制划分，并规范了小区智能化系统的划分标准，界定了智能小区等级概念，明确了不同等级小区的内容，使消费者了解什么类型的小区应该具有什么样的功能，同时也避免房地产开发商盲目投资建设。

根据小区智能化系统的功能、组成以及信息利用程度，我国将小区智能化系统分为三级，即一星级、二星级和三星级。星级越高功能越强，具体要求如表 1-1 所示。

智能小区星级划分表　　　　　　　　　　表 1-1

智能化小区示范工程标准	★（一星）级	★★（二星）级	★★★（三星）级
规划水平	不低于示范小区规划设计方案评审合格水平	不低于示范小区规划设计方案评审良好水平	不低于示范小区规划设计方案评审优秀水平
综合验收标准	不低于"指标体系"的合格标准	不低于"指标体系"的良好标准	不低于"指标体系"的优秀标准
住宅性能认定	不低于商品住宅性能认定 A 级	不低于商品住宅性能认定 AA 级	不低于商品住宅性能认定 AAA 级
功能要求	1. 安防子系统 ① 出入口管理及周界防越报警系统 ② 闭路电视监控系统 ③ 对讲及防盗门控制系统 ④ 住户报警呼救系统 ⑤ 保安巡更管理系统 2. 物业信息管理子系统 ① 对安防系统实行集成化控制 ② 三表远程抄收 ③ 车辆出入与停车管理 ④ 供电设备/公共照明/电梯/供水等主要设备监控管理 ⑤ 紧急广播与背景音乐系统 ⑥ 物业管理计算机系统 3. 信息网络子系统 ① 为实现上述功能合理布线 ② 每户不少于两对电话线和两个有线电视插头 ③ 建立有线电视网	1. 具备一星级全部功能 2. 安防子系统和信息网络子系统的功能有较大的提升 3. 信息传输通道采用高速宽带数据网作为主干网 4. 物业管理计算机系统应配置局部网络供用户联网使用	1. 具备二星级全部功能 2. 信息传输通道采用宽带光纤接入网作为主干网，实现交互式数字视频业务 3. 在可能条件下，实施现代集成建造系统（HI-CIMS）技术，把物业管理智能化建设纳入小区建设中，作为 HI-CIMS 工程中的一个子系统

二、智能小区系统的组成结构

从本质上说，小区智能化系统是在小区的机电设备控制系统、现代管理系统和通信系统的共同基础上，为适应自动化、信息化、智能化的需求而发展起来的。建设智能小区的目的在于实现小区物业的高效管理，节约能源，保持和改善生态环境，满足人们现代生活需要，为物业管理中心提供良好的管理与控制方式，为住户提供良好的服务和交流手段。计算机技术、通信技术、微电子技术，为实现这些目标提供了技术基础和可能。

1. 小区智能化系统组成

小区智能化系统从功能上分以下三个子系统：

（1）安全防范子系统。通过物业管理中心、110报警系统、120报警系统等提供住宅小区内和家庭内的24h各种安全保障服务。它一般包括以下几个分系统：

1）出入口管理及周界防越报警系统；

2）闭路电视监控系统；

3）对讲及防盗门控制系统；

4）住户报警呼救系统；

5）保安巡更管理系统。

（2）物业信息管理子系统。通过物业管理中心和其他职能部门提供住宅小区各种主要设备运行状况监控、住宅小区日常事务管理和住宅多表系统的自动计量和管理等服务，包括以下几个分系统：

1）多表的现场计量与远程传输系统；

2）供电设备、公共照明、电梯、给排水设备的监控系统；

3）车辆出入与停车场管理系统；

4）紧急广播与背景音乐系统；

5）物业计算机管理系统。

（3）信息网络子系统。主要用于构成系统网络通信平台，提供信息通道。它一般包括以下几个分系统：

1) 有线电视网系统；

2) 高速宽带数据网系统；

3) 宽带光纤接入网系统；

4) 电话网系统；

5) 其他网络系统。

需要指出的是，这五个分系统可能同时存在，也可能并不同时存在，这需视系统要求而定。例如，小区智能化系统可能仅采用高速宽带数据网系统就能满足要求，则不需要再包括宽带光纤接入网系统。

另外，还需要特别指出的是，安全防范子系统一般需要单独铺设用于传输视频信号的闭路电视网和用于传输报警与控制信号的监控网；而物业管理子系统需要铺设多表数据传输网和主要设备监控网。它们一般划入各自子系统，而没有归入信息网络子系统。

小区智能化系统组成结构如图 1-9 所示。

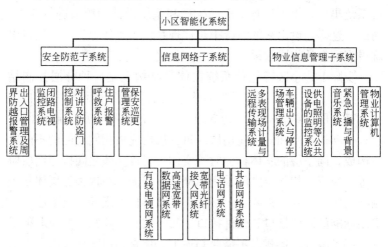

图 1-9　小区智能化系统组成结构示意图

2. 小区智能化系统的体系结构和系统集成

所谓集成，就是通过某种手段或方式，使各部分有机地组成一个整体。小区智能化系统集成不是单方面进行的，它是在综合布线基础上，通过信息网络子系统，从系统、功能、网络和软件等几个方面进行集成。小区智能化系统的运行效率不仅取决于系统集成的程度，更重要的是取决于系统集成的质量。一味追求系统集成的程度很可能导致系统费用的急剧增加和可靠性的下降。科学认识小区智能化系统体系结构，是合理选择集成方式和决定集成程度的基本前提，也是小区智能化系统良好、可靠运行的重要保证。

小区智能化系统是一个典型而又复杂的系统工程。它的设计要从系统工程的角度综合考虑。我们知道，国内所谓的智能大厦已经建了不少，在系统集成方面普遍做得都很不理想。要么是几个弱电系统的简单堆砌，无法在集成环境下运行，只能各自独立运行；要么是投资巨大，但系统却仍然很难全面开通，集成后的系统很不可靠。究其原因，从根本上讲，无论是系统设备生产，还是系统设计，其思维和运行的顺序上都是先建立子系统，再进行系统集成。由于没有从产品生产和系统设计的源头进行考虑，因此，这样建设出来的系统很难体现系统工程的思想，当然也很难得到理想的集成效果。

实际上，小区智能化系统在体系结构上是一种分层控制结构，如图1-10所示。小区智能化系统的弱电系统可以分成自下而上五个层次结构，即：建筑环境层、传输媒体层、通信网络层、自动控制层和管理应用层。每一层由完成相同功能的不同实体构成，同一层的实体称为对等实体，对等实体之间按照同层协议进行交流。相邻层之间采用标准接口交流。在这种五层体系控制结构中，每一层都要为上一层提供某种标准服务，上下层之间采用标准的协议接口和硬件接口。每一层只需要知道如何取得下一层提供服务的形式，不需要知道下一层是如何实现该层发出的指令，使各层之间相对彼此独立，形成有机整体的独立模块。这不仅有利于系统分块设计、调试和生产，更重要的是为系统集成和系统扩展提供良好的基础。

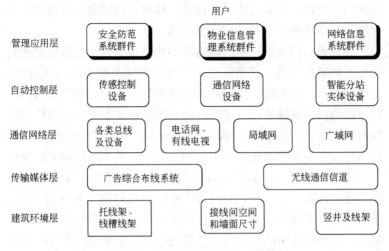

图 1-10　小区智能化系统分层结构图

（1）建筑环境层。在这五层结构中，建筑环境层是最底层，它是为提供支持建筑智能化工程而新增的建筑环境部分，其实体为安置综合布线系统所需的各种空间和支架，包括接线间的配线架工作空间和墙面尺寸、线架、线槽、竖井和相应的线架等，协议为这些实体相应的标准，接口则是线缆与线梢和线架的一一对应，线架与接线空间和墙面尺寸的一一对应。

（2）传输媒体层。传输媒体层的功能是为通信网络提供比特流动的传输媒体，其实体为广义综合布线系统和无线通信信道；协议为综合布线系统标准、安防施工系统标准和无线通信信道实施的国家标准；接口是向通信网络提供服务的通信连接形式。目前，综合布线系统与通信网络层的通信接口是 RJ45 接口标准和多模光纤接头（ST 接头）等。需要强调的是，广义综合布线系统除传统结构布线外，还包括电话网络布线、有线电视网布线、闭路监控电视网络布线和监控系统网络布线，这些共同构成了广义综合布线系统，它们在施工过程中应相互协调进行，其接口和协议也应满足相对应的国家标准要求。无线通信信道则是指射频通信信道和红外通信信道。可以看出，目的多样性决定了传输层媒体的多样性，同时也决定了设备、接口、协议和网络形式的多样性，进而决定了系统的高度复杂性。

（3）通信网络层。通信网络层的功能是为自动控制层实现其功能提供通信网络，其实体包括各种总线网及相关的网络设备、电话网及有线电视网、局域网和广域网等。局域网和广域网的互联协议为网络互联协议。底层控制总线网协议取决于底层控制总线形式，目前常用的底层控制总线有 RS485 总线和现场总线，现场总线在小区智能化系统中应用比较多的是 LonWorks 总线和 CAN 总线，其中，LonWorks 总线的 LonTalk 协议几乎已成为底层通信标准，它可以与基于 IP 地址的局域网实现无缝连接。通信网络向上的接口是存在于传感控制设备、通信网络设备和智能分站实体设备中的那些将信息组成特定网络帧结构及反向拆装的功能模块。在通信网络中，相应的标准要考虑到通信和计算机网络技术发展方向。在这一层中，规范专用总线网的标准尤为重要，合适的标准不但可能满足控制要求，而且可以实现底层网络与局域网络的互联。

（4）自动控制层。自动控制层的功能是实现对小区主要公共设施、安全防范设施、住户多表计量等设备的自动控制，其实体包括传感控制设备、通信监控设备和智能分站实体设备等。其中，智能分站实体中可包括多种分系统，如停车场系统、闭路电视监控系统等。这一层中存在大量不同设备，其自动控制的统一接口和协议对系统集成和互联以及扩展极为重要，但目前在此方面工作开展得很少，这也是目前系统难于集成的根本所在。

（5）管理应用层。管理应用层是直接面向用户的，它为用户提供智能化管理功能和服务功能。其实体主要有安全防范系统群件、物业信息管理系统群件和网络信息管理系统群件，这些实体主要是软件。管理应用层的标准保证，门、区智能化系统的功能集成和软件界面集成。对于用户而言，系统的集成都体现在应用层的集成，用户并不关心底层是如何工作的。目前还没有管理应用层的具体标准，这也是在进行系统集成时存在这样或那样困难的重要原因。

3. 小区智能化系统集成条件

（1）系统集成的重要条件。系统集成程度以往被看作智能建筑的系统智能化程度，因此，人们总在努力将一个繁杂的系统集成起来。然而，系统集成是有条件的，在技术条件及其他条件未成熟的情况下，一味追求系统的集成程度，只能带来巨大的资金投入和系统的不可靠性，甚至使系统很难全面开通运行。

小区智能化系统的分层结构已经清晰地告诉人们：科学合理的综合布线是系统集成的纽带，网络层的协议标准化则是系统真正集成的基础和前提。因此，要实现系统的良好集成，需注意以下几个条件：

1）网络通信协议的统一化。目前，就局域网来说，既成事实的国际标准是广泛应用的 TCP/IP 协议。就底层网络来说，由于采用的硬件形式不同，软件协议也不同。传统的底层 KS485 总线协议无法直接与基于 TCP/IP 的网络无缝连接，在新兴的现场总线中 LonTalk 总线可以实现与基于 TCP/IP 的网络无缝连接，其协议标准 LonTalk 也在发展之中。需要进一步实现与 TCP/IP 协议的良好嵌入或连接。此外，随着"三网合一"（电话网、数据网和有线电视网）技术的成熟和运作的推进，相关的协议需要进一步统一。

2）接口标准化。不同生产厂家的产品不仅要有统一的软件通信协议标准，同时各种产品还需要提供标准化的系列接口，供工程选择需要。

3）组成模块化。无论是硬件设备，还是软件产品，均要模块化设计。系统可根据需要，选择硬件组装，利用提供的模块化软件，进行简单易行的二次开发集成，为实现软硬件系统集成提供可能。

4）设计并行化。小区智能化系统的总体设计中各子系统设计需要并行进行，子系统之间要相互协调，这样才能保证系统总体的一致性。

5）产品安装工程化。目前普遍存在系统现场装配复杂的问题，产品安装工程化将加速系统集成化进程。

6）使用和维护的简单化。系统集成程度不仅要看系统的功能集成程度，还要看集成后的系统在使用和维护方面是否简单化。

（2）智能化发展的阶段性。任何事物发展都有一个过程，智能小区也是如此。智能小区的"智能化"含义是变化的，也就是说，其智能化程度是有时间性的，这种时间性表现为发展的阶段性。昨天认为是智能的东西，今天可能认为就是一件极普通的事。同样，我们也不能将明天可以实现的智能化搬到今天来实现。

一般说来，小区智能化系统的智能化发展大致可以分为三个阶段：

1）初级阶段，也称设备自动化阶段。这是智能建筑发展的初期，当时主要是将一些新出现的自动化设备应用到建筑物中，取代传统的自动化程度很低的设备，并进行简单的集中控制和管理。

2）中级阶段，也称信息化阶段。随着计算机技术的迅猛发展，社会信息化和网络化进程不断加快，信息的产生周期和传递周期不断缩短，同时也带动了信息的综合利用。这一阶段信息极大丰富，信息利用率和传输速度也大为提高，人们利用网络手段，实现系统的高层次自动控制。大量信息的综合利用常常被人们认为是智能化的表现，但从本质上看，中级阶段仍然是信息化阶段。

3）高级阶段，也称智能化阶段。它在大量信息的基础上，运用相关的智能理论，真正实现设备的智能控制和系统的智能决策。这是小区智能化发展的最终目标，它需要一个相当长的发展历程。当然，这个阶段的目标也在不断地提高和变化。

应该说，目前小区智能化系统还处在信息化阶段。因为从小区智能化系统所采用的设备到软件所采用的控制理论和算法，还谈不到智能化问题。当然，随着智能理论应用的不断推广，智能化产品，尤其是智能化建筑机电产品的产生和丰富，未来的智能小区将是一个真正智能化的小区。

4. 小区智能化系统总体框架

（1）硬件总体结构。从系统的分层结构可以看到，广义的小区综合布线系统（这里包括无线通信网络）构成的小区网络系统是整个小区硬件的基础平台，犹如人的血液系统一样，连接着智能小区的每一个角落。而运行在这个平台上面的各种网络协议，则犹如血管中的血液一样，传送着整个网络的信息。根据这种分层模式，小区智能化系统的总体结构如图 1-11 所示。

从图 1-11 中可以看出，小区主干网和小区底层网络是小区的信息流平台系统时，需要注意以下问题：

1）安全防范系统服务器、物业管理服务器、网络信息管理服务器、小区网站服务器等服务器群可以采用专用服务器或高档微机，安全防范系统服务器需要采用双机热备份技术，保证 24h 稳定运行。

2）通信控制器可以由普通微机加局域网网卡和底层网络转换卡构成，在底层网络能与局域网直接互联的条件下，可以省略通信控制器。

3）路由器可以采用普通微机，也可以采用专用路由器。

4）小区局域网拓扑结构可以采用星型结构、总线结构或环型结构。在构建小区局域网时，目前多采用星型结构。

5）小区局域网可以采用快速以太网（100Base-T）、光纤分布数据接口网（FDDI）、异步转移模式（ATM）或千兆位以太网模式。随着人们对小区通信速度要求的不断提高，为满足多媒体技术发展要求，千兆位以太网的应用将越来越广泛。小区局域网主干网一般要采用多模光纤传输技术，其他布线系统可以采用 5 类 UTP。在接入技术方面，目前有光纤到桌面的趋势，这是国家对三星级智能小区的明确要求。

6）当住宅小区规模比较大时，可以建立多个小区局域网，再连接到小区骨干网上。

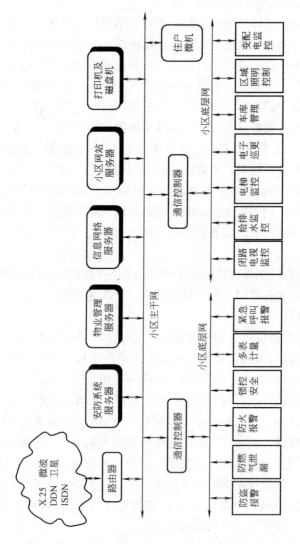

图 1-11 住宅小区智能化系统总体结构

7）当住宅小区规模比较小时，可以多个小区建立一个局域网，即所谓的社区局域网。

8）底层网络主要有基于 RS232C 总线通信、基于 RS422A 总线通信、基于 RS485 总线通信和基于现场总线的通信。由于基于 RS232C 总线通信在速度、可靠性和传输距离等方面有较大的局限性，目前采用比较多的是基于 RS422A 和基于 RS485 总线通信，尤其是基于 RS485 的总线通信，该总线网络技术成熟，结构简单、可靠性高、抗干扰能力强，传输速度也比 RS232C 总线通信快得多。现场总线是未来发展趋势之一，也是目前发展很快的技术，但还需要统一的标准，应用该技术的产品还有待丰富。

（2）软件总体结构。小区智能化系统软件可以分成两大类，即上层软件和底层软件。

1）上层软件。是指用于小区物业管理中心局域网络的计算机软件和终端用户计算机软件，它又包括系统软件、支撑软件和应用软件。

系统软件是指能与计算机硬件紧密配合在一起，使计算机系统各个部件、相关软件和数据协调、高效地工作的软件。例如，操作系统、数据库管理系统、设备驱动程序以及通信处理程序等。系统软件的工作通常伴随频繁地与硬件交往、大量地为用户服务、资源的共享、复杂的进程管理以及复杂的数据结构处理。在小区智能化系统中，系统软件主要包括网络操作系统软件和数据库管理系统软件。目前网络操作系统多采用客户/服务器（C/S，Client/Server）模式，负责系统网络用户的目录管理、文件目录的安全管理、远程访问控制、文件系统的管理以及为各种应用软件提供网络平台。常用的操作系统有 Windows NT，Unix等。数据库管理软件常采用 Microsoft SQL Server，这是一个具有可扩充性、高性能的关系型数据库管理软件，它适用于基于Windows NT、Unix 等操作系统的服务器系统，是为满足分布式 C/S 计算需要而设计的。

支撑软件是协助用户开发软件的工具性软件，其中包括帮助程序员开发软件产品的工具，也包括帮助管理人员控制开发进程的工具，如图形软件包和程序设计语言等。

应用软件是在特定领域内开发，为特定目的服务的一类软件。现在几乎所有的国民经济领域都使用了计算机，为这些计算机应用领域服务的应用软件种类非常多。在智能小区中，应用软件包括物业管理中心用软件和用户端软件，而物业管理中心用软件又包括以下几类：

① 局域网络服务器商用软件，例如，Microsoft Internet Information Server 提供 Web、FTP、BBS、News 等服务；Microsoft Exchange Server 提供 E-mail 服务，为住户设立电子信箱，存储所有电子邮件同时负责邮件路由。

② 网络管理软件，这类软件安装于信息中心工作站上，对网络节点、路由器进行配置、故障诊断、故障恢复、性能分析和测试，可使网络设备更加有效地工作，保证网络高效运行。

③ 办公楼软件，这类软件安装于用户家中或物业管理中心，用于日常工作，例如 Office、Foxmail 等。

④ 小区管理综合应用软件，这是小区管理的核心软件，一般需要单独为特定小区开发，以满足不同小区的不同需要。

用户前端软件一般包括通用软件和专用软件。通用软件根据用户需要而选定，常用的用户前端软件如 Windows98、Windows XP、Office2000、CoreDRAW、Photoshop、Foxmail、Internet Explorer、Netscape 等。专用软件则与小区提供的特殊服务有关，需要与物业管理中心服务器用软件相一致，单独开发。但从总体上说，它应具备以下几方面功能：

① 系统初始化与复位；

② 系统权限管理；

③ 系统信息输入；

④ 系统信息自动更新；

⑤ 系统信息统计；

⑥ 系统状态显示与监控；

⑦ 系统信息查询检索；

⑧ 系统信息打印与存储；

⑨ 系统信息综合服务；

⑩ 系统帮助。

2）底层软件。主要指计算机网络末端与设备直接相连的智能节点用软件，它与末端智能节点所采用的形式直接相关。末端智能节点可以采用工控机或单片机或神经元芯片组成的模式，其软件可根据需要设计。总体来说，一般要具备如下功能：

① 信号传输与通信；

② 信息存储；

③ 防破坏检测算法；

④ 报警控制；

⑤ 设备驱动等。

应该特别注意的问题是，安全防范系统需要注意系统整个接管时间，即从报警端开始报警到物业管理中心安全防范主机接收报警信息的全过程时间，这一时间包括了软硬件工作时间，应在 $2\sim5s$。

三、智能小区局域网

1. 小区建立局域网的必要性

在飞速发展的网络时代建立智能小区局域网络的必要性，简单地说有以下几个方面：

（1）社会发展信息化的需要。随着社会生活节奏的加快，各种信息急剧增加，人们不得不用"信息爆炸"、"知识爆炸"这样的词汇来描述，传统的手工信息处理其传输方式很难满足人们对信息的需求。即使采用目前市场上传输速度最快的 56kbit/s 的 Modem 上网，在很多情况下仍难以满足人们对信息获取速度的要求，甚至根本无法实现有关信息服务需求。另外，网络已经成为人们生活和工作中获取信息非常重要的途径。在这样的大背景下，智能小区建立自己的局域网络，为住户提供良好的信息服务是极为必要和及时的。

（2）住宅功能多样化的需要。现代住宅已经不再仅仅是居住场所，它还是人们工作、学习、娱乐和社会交往的地方。这种功能变化的实现基础之一便是住宅小区的网络化。通过小区局域网，人们可以在家中完成原来一定要在单位完成的各种工作，参加各种原来一定要在单位参加的各种会议和讨论；也可以在家中学习过去只有在学校（甚至在原有学校都学不到的东西）才能学习的东西；还可以在家中进行各种娱乐的游戏，甚至在家中就可以与远在千里之外的陌生人进行交互式游戏。这种住宅功能多样化的前提便是住宅小区的网络化。

（3）生活方式现代化的需要。计算机及网络技术的发展，极大改变了人们的生活方式。家庭设备的电子化、自动化、网络化以及智能化离不开家庭内的各种计算机网络系统，而作为家庭中重要的网络部分便是与小区局域网的连接。

（4）信息传播多媒体化的需要。计算机网络发展的一个重要方向就是多媒体化。各种信息不再是简单的文本信息，它将向包含语音信息、视频信息等更丰富的多媒体形式发展。多媒体信息的传输要求智能小区局域网应该是高速、宽带、延时小、吞吐量大、信道质量好的网络系统。

（5）物业管理网络化的需要。智能小区的一项重要功能就是物业管理自动化与网络化。物业管理网络化就是要依靠小区内部底层控制网络和小区局域网，实现以多表计量为核心的物业管理服务网络化。住户可以通过小区局域网络，了解小区物业各种情况，包括多表收费详细情况、小区各种物业杂费以及小区物业设施维修、维护等情况。

（6）安全环保生态化的需要。智能小区的一项首要功能就是为住户提供一个安全的生活环境。这种安全防范是运用高科技手段来实现的，通过小区网络系统可以实现24h安全防范和远程自动监控及报警；同时智能小区应以保护环境和改善生态环境为前提。环保的优化实现则是以计算机网络控制为基础。因此，无论是安全防范，还是环境保护，都离不开小区的网络。

2. 智能小区局域网络系统功能

智能小区局域网络系统的功能主要有：

（1）小区物业管理自动化。

① 多表信息费用查询；

② 小区各类收费标准管理、收费管理及相关查询；

③ 小区设施与维护管理；

④ 小区住户与住户变更信息管理；

⑤ 小区建筑与弱电系统档案资料管理；

⑥ 小区人事工资管理。

（2）小区信息增值服务。

① 视频点播服务（VOD）；

② 通用电子邮件服务（E-mail）；

③ 小区主页与家庭主页服务；

④ 文件传送服务（FTI）；

⑤ Internt 访问服务及计费服务；

⑥ 网络电子公告板服务（BBS）；

⑦ 消息服务（News）；

⑧ 网上娱乐与游戏服务；

⑨ 网上教育；

⑩ 网上图书馆；

⑪ 网上商务服务；

⑫ 网上小区意见箱；

⑬ 网上医疗服务；

⑭ 网上求助服务；

⑮ 网上家庭服务。

此外，对于规模很大的小区，可以考虑增加域名服务功能。

（3）小区安全防范信息服务。目前，小区安全防范报警系统还多采用底层控制网络的报警信息存储和处理，一般均由小区联网微机管理。它提供以下几个方面的功能：

① 留情信息存储；

② 警情信息查询；

③ 警情信息分析；

④ 远程报警。

随着各项技术的发展和融合，小区局域网必将与有线电视网、电话网相融合，即所谓的"三网合一"。国家已经计划在2010～2020年实现这一目标。除此之外，随着底层网络控制技术的发展，新的"三网合一"，即 Internet（因特网）、Intranet（内联网）和 Infranet（底层控制网）也将出现。到那时小区的局域网可以采取三网中的任何一种形式，其功能也必然会更加强大、更加丰富。

3. 智能小区局域网选择原则

智能小区是一个以高度综合计算机网络服务系统为平台的住宅系统，对小区局域网络要求比较高。因此，在小区局域网建设时，应注意以下几个基本原则：

（1）高速性原则。智能小区局域网是一个典型的多媒体信息网，对网络带宽和网络传输速度要求很高，主干网速度一般应在100Mbit/s 以上，住户信息端口速度一般要保证在 2～6Mbit/s，满足目前广泛采用的 MPEGII 的要求。考虑到住户对网络速度要求的增强，实现独占式 10Mbit/s 带宽将在较长一段时间内满足住户需求。

（2）可靠性原则。智能小区的局域网需要 24h 运行。当安全防范信息通过小区局域网络传输时，对小区局域网的可靠性要求更高。小区局域网的可靠性要从网络拓扑结构、硬件平台、软件平台、冗余技术、热备份技术、材料与设备质量和工程建设质量等几个方面来把握。

（3）可升级性原则。网络信息技术发展极为迅速，要想使智能小区能够始终满足信息时代的要求，必须具有可升级性。因此，在现有经济条件和技术条件下，从设计上应保证可升级性。

例如采用相对比较高等级的布线系统以满足将来新的布线系统速度要求。

（4）安全性原则。智能小区的一个本质特征是信息开放，这就要求小区局域网要保证信息的安全性。一方面要保证小区内部系统自身的安全可靠，另一方面也要防止外来"黑客"的恶意攻击。因此，小区局域网应采取诸如软硬件防火墙等技术措施，保证系统安全性。

（5）可扩展性原则。尽管智能小区建成以后总体变化一般不会很大，但也应适当考虑小区的发展可能性。

（6）经济性原则。智能小区是民用住宅系统，小区智能化设备毕竟是民用设施，系统造价要严格控制，在满足功能和性能要求的前提下，尽可能综合各子系统，降低成本。

4. 智能小区局域网配置选择

智能小区局域网的建立可以从以下几个方面考虑：

（1）网络速度与拓扑结构。在某种意义上，网络信息需求决定了网络速度，而网络速度决定了网络拓扑结构。在智能小区中，小区主干网速度一般要在100Mbit/s以上，住户信息端口速度一般要高于2Mbit/s。在网络速度要求进一步提高和千兆位网络技术进一步成熟情况下，可以考虑采用千兆位网络。目前，主干网拓扑结构多采用环型网、树型网、环型与树型混合网以及网状网（这里的网状网一般主节点数较少，同时一般不采用完全网，以减少建设费用和维护费用）。这几种结构都具有比较好的网络可靠性和易维护性。几种常用的网络有：100Mbit/s FDDI、100Mbit/s 快速以太网、155bit/s ATM 网、100Mbit/s FDDI 与树型混合以太网和千兆位以太网。

（2）传输介质：网络速度要求决定了传输介质的选择。尽管作为综合布线系统可选的介质种类很多，而且随着千兆位以太网技术的推出，许多厂家也开始推出千兆位网络布线系统，但作为智能小区的综合布线系统，国家有明确的要求。一星级、二星级智能小区可以采用各种布线介质，主要包括 5 类 UTP（Unshielded Twisted Pair 非屏蔽双绞线）、STP（Shielded Twisted Pair，屏蔽双绞线）和光纤等。目前普遍采用 5 类 UTP，它既满足 100Mbit/s 的速度要求，而且性能价格比又比较高，是一种比较经济有效的传输介质。尽管最近市场推出了超 5 类、6 类甚至 7 类 UTP，但这些新的 UTP 线缆还缺少完善的测试手段和工具，价格也比较高，在考虑进一步发展的情况下，其性能价格比很可能不如光纤。况且国家对三星级智能小区明确要求采用光纤布线系统。因此，在选择传输介质时应综合考虑速度要求、经济性和发展可能空间等因素。

（3）网络设备。网络设备选择很大程度上是由利益直接驱动和用户要求直接决定的，这里不提及具体品牌产品，推荐采用民族品牌。

考虑到小区对经济性能的要求和微机技术的快速发展，可以采用普通 PC 机作为网络工作站，采用高档微机或专用微机服务器作为网络服务器，既可以完全满足小区要求，又降低了局域网建设成本。

网络传输设备即网卡。目前比较常用的一种局域网网卡是 10Mbit/s 或 100Mbit/s 以太网卡，它可以自动识别网络通信速度，在 10Mbit/s 或 100Mbit/s 之间自动选择。对于用户来说，10Mbit/s 或 100Mbit/s 以太网卡可以满足现在及未来的需求。实际上，目前住户端口速度远低于 10Mbit/s。

网络交换设备主要是交换机、集中器、集线器等，可以根据小区经济性要求来确定。主干网交换机速度要求在 100Mbit/s 以上，选择千兆位交换机比较理想。集中器/集线器要保证用户的网络速度，可以采用交换式集线器与共享式集线器相结合的方案。

网络互联设备主要是路由器、网桥和网关等。在小区要求很高并且经济条件宽松的情况下，可以考虑采用路由交换机实现与城市信息网等骨干网的高速连接。在经济性要求严格限制的情况下，可以采用普通路由器。网络外部设备对于智能小区来说要求比较低，一般主要包括大容量磁盘阵列，不要求实现视频点播等功能时，可以大量节省网络外部设备投资。

（4）软件平台。软件平台包括网络操作系统软件和网络应用系统软件用 Windows、Unix、Linux 或 NetWare。应用软件根据需要而定。

四、智能卡在小区管理中的应用

1."一卡通"的基本含义

随着科学技术的推广运用，现代社会几乎各个行业的众多部门都引进了 IC（Integrated Circuit，集成电路）卡智能管理系统，根据市场现状，具有实效的"一卡通"，已成为"势所必出"的必然要求。于是，无论是制卡公司、芯片供应商、系统集成商、应用商，均推出了"一卡通"。

目前来说，"一卡通"概念应该是"一卡一库一线"，即一条网络线连接一个数据库（PC 机），通过一个综合性的软件，实现设置 IC 卡管理、查询等功能，实现整个系统的"一卡通"。

下面予以分别解释说明：

所谓"一卡"，就是在同一张卡上实现多种不同功能的智能管理，一张卡上通行很多的设备，而不是不同功能有不同的卡，不同的机器在不同的卡上使用。有人错误地认为，既然是"一卡通"设备，那么所有的卡（包括磁卡、接触式 IC 卡、非接触式 IC 卡等）就都能读、都能通了。"一卡通"，首先要求是该卡的读写设备必须与该卡一致。其次要求该卡必须是具有多分区及密码校验，保证彼此的独立性、安全性、多用性的智能卡，如 MIFARE 卡具有独立密匙的 16 个功能分区，在 MIFARE 系统设备里，只要卡内留有空位，不将密码封住，各设备相互之间订好协议，则一个公司多种相同的设备，能用一张卡相通。不同的公司用同一类设备，同一张卡，只要是 MIFARE 的技术，及其模块系统，只要卡还有空的区域，就可以用，这就是所谓的"一卡"。

所谓"一线"，就是一条线通多种信息，多种不同的设备都挂在一条线上。通过一条线路 PC 机一个接口把所有的设备都串起来，进行不同数据的信息交换。如果很多设备都挂在 PC 机上，那么每台设备与 PC 机就占一条线，而 PC 机都需要给它提供通信接口，这样，设备多，通信接口多，而计算机的通信接口是有限的，并不能满足要求，而且在安装使用过程中，做不到那么多线都与 PC 机相通，这种做法是不可取的。

所谓"一库"，就是在同一个软件、同一台 PC 上、同一个数据库内实现卡的发行、卡的取消、卡的报失、卡的资料查询等，明了、方便、快捷。现在，市面上所谓的"一卡通"，就是凡该公司做的设备都可以用该公司卡，至于谁的数据库、谁的平台、谁的软件，到各自发行处去发行，这并不是真正的"一卡通"，只有在同一个软件上面才能达到真正的"一卡通"。

2. "一卡通"的结构优势

由于"一卡通"的真正含义是"一卡一库一线"，在结构上显示出以下独特的优势：

（1）数据共享。加快了数据交换的速度。

（2）全面检索。固有一个总数据库，只要给出查询字段名有记录，提高效率，减少差错。

（3）全面统计。因只有一个数据库，报表可及时生成。

（4）实时监控。查询任何一个终端机使用与记录情况。

（5）操作简单。只需一个，最多两个步骤，即可实现功能，无需多次转换。

（6）减少设备投资，降低成本。

另外，因"一卡通"的"卡"具有多用性、兼容性，仍以 MIFARE 卡为例，其芯片可划分为 16 个区域，且各个区域均可设置各自的区域密码，其本身的安全可靠性、独立性又可延伸为以下特点：

（1）功能分区域占用：不同功能分别占不同区域且可加密。

（2）软件不同但可分区共用：不同软件下，功能仍可分别占用不同区域使用，互不干扰。

例如：某小区内，先安装甲公司的"一卡通"设备，可实现五个功能，在发行专用 IC 卡时，占用了卡中的五个区域，并加密；稍后，乙公司又在这一小区安装了由乙公司生产的终端设备，可用 IC 卡实现三个功能，在这种情况下，可利用 IC 卡芯片之优势，将甲公司发行的 IC 卡再在乙公司的软件下发行，占用 5/16 以外的三个区域，且加密，依次类推，直至所有区域全被发行占用。以后此小区内，可持这张 IC 卡，通行甲、乙公司的终端设备，实现"一卡通"。

3. 实现"一卡通"的软硬件条件

"一卡通"作为智能卡领域发展的必然趋势，是一项复杂而讲究的系统应用工程，其硬件和软件都要达到一定的条件和标准，否则难以做到真正意义上的"一卡通"。

首先，要制作"一卡通"的卡。这种卡必须是只有多个分区，并且各个分区进行密码校验，具有多用性、兼容性、安全性、可靠性的智能卡，这是"一卡通"的前提条件。现在市面上卡类很多，从早期的条码卡、磁卡到接触式 IC 卡，再到非接触式 IC 卡、智能卡，发展很快，也越来越先进。构造简单，只读不写，无区域、无防伪的卡，如条码卡、磁卡以及一些不带 CPU 功能的卡很难做到真正的"一卡通"。

下面简单介绍智能卡的种类和特点，其优劣一览便知。

（1）智能卡种类举例。

① 加密存储器卡（Security Cards 接触型）；

② 非加密存储器卡（Memory Cards 接触型）；

③ 预储费卡（Prepayment Cards 接触型）；

④ CPU 卡（Smart Cards 接触型）；

⑤ 射频加密卡（RFID 非接触卡）；

⑥ 射频 CPU 卡（RFID 非接触 CPU 卡）；

⑦ P 型 IC 卡（并行通信 IC 卡）。

（2）智能卡主要特点：

① 抗破坏性和耐用性。智能卡是由硅片来存储信息的，先

进的硅片制作工艺完全可以保证卡的抗磁性、抗静电及抗各种射线能力，而且由于硅片的体积小，里面有环氧层的保护，外面有PCB（印刷电路板）及基片的保护，因此，抗机械、抗化学破坏能力很强。现在智能卡已做得十分精致、耐用，信息保存期都在10年以上，而且读写方便，读写次数高达100000次以上，即使考虑到多种影响因素，一张智能卡也至少可以使用10年以上。

② 存储容量和灵活性。智能卡的容量可以做到几千个字节，而且智能卡上存储区可以分割，可以有不同的访问级别，这为信息处理及一卡多用提供了方便。

③ 保密性。智能卡系统具有很强的保密性，首先体现在芯片的结构和读取方式上，智能卡容量较大，而且存储器的读取和写入区域可任意选择，因此，灵活性较大，即使一般的存储器卡，采用特定的技术，也具备较强的保密性。对于加密存储器卡，对卡密码核对有严格的次数限制，超过规定的次数，卡将被锁死。智能卡的保密性，还体现在系统设计上，由于智能卡属于可以随身携带的数字电路，而数字电路的各种硬件加密手段都可用来提高系统的保密性。另外，在软件设计上，可采用各种保密算法，大大增强了系统的安全性。

4. 智能系统"一卡通"现状分析

目前行业人士所说的"一卡通"，只是一种广义上的单个功能组合后的产物。如某厂家生产出诸如门禁、停车场、巡更等单项智能系统，有其各自独立的设备和软件，在市场趋势下，厂家将这些系统组合在一起，安装在某一区域，因为是一张IC卡通行，所以美其名曰"一卡通"。

这种所谓的"一卡通"，具有如下不足之处：

（1）多个软件多个发行系统：如果要实现一卡通行相当于逐一通告每个软件，此卡可通行，繁琐低效。

（2）多个数据库、多个PC机（即电脑）：如果查询某张IC卡之消费记录，只能在各个PC机、数据库上逐一录入卡号、逐一查询后，再加以统计，费时不便。

（3）无同一数据库，无法实现总统计，没有总检索的一次性简便操作的功能。

（4）成本高，操作繁琐。

综上所述，这种"一卡通"不确切，是真正实现"一卡通"软件功能之前的一种过渡。

五、智能小区系统的发展前景

随着信息时代的到来和科学技术的迅猛发展，在家办公、在家上学、电子商务等新事物应运而生。家庭中各种与信息相关的通信设备、家用电器和保安装置，可以通过总线技术连接到一个家庭智能化系统上进行集中的或异地的监视、控制和家庭事务性管理。随着信息技术的发展，智能住宅和智能小区的内涵也不断地变化、发展。因此，我们有理由相信智能住宅和智能小区将有非常广阔的发展前景。

第四节　智　能　家　居

一、概述

下面首先介绍与智能家居密切相关的一些基本概念，即正确认识智能家居、家庭自动化、家庭网络、网络家电和信息家电。

1. 智能家居

也称智能住宅，在英文中常用 Smart Home。与智能家居的含义近似的还有家庭自动化（Home Automation）、电子家庭（Electronic Home、E-home）、数字家园（Digita family）、家庭网络（Home net/Networks for Home）、网络家庭（Network Home）、智能家庭/建筑（Intelligent home/building），在香港、台湾等地区还有数码家庭、数码家居等称法。

智能家居是以住宅为平台，兼备建筑、网络通信、信息家电、设备自动化，集系统、结构、服务、管理为一体的高效、舒适、安全、便利、环保的居住环境。

智能家居可以定义为一个过程或者一个系统。利用先进的计算机技术、网络通信技术、综合布线技术，将与家居生活有关的各种子系统有机地结合在一起，通过统筹管理，让家居生活更加舒适、安全、有效。与普通家居相比，智能家居不仅具有传统的居住功能，提供舒适安全、高品位且宜人的家庭生活空间；还由原来的被动静止结构转变为具有能动智慧的结构，提供全方位的信息交换功能，帮助家庭与外部保持信息交流畅通，优化人们的生活方式，帮助人们有效安排时间，增强家居生活的安全性，甚至为各种能源费用节约资金。

2. 家庭自动化（Home Automation）

家庭自动化系指利用微处理电子技术来集成或控制家中的电子电器产品或系统，例如：照明灯、咖啡炉、电脑设备、保安系统、暖气及冷气系统、视讯及音响系统等。家庭自动化系统主要是以一个中央处理机（Central Processor Unit，CPU）接收来自相关电子电器产品（外界环境因素的变化，如太阳初升或西落等所造成的光线变化等）的信息后，再以既定的程序发送适当的信息给其他电子电器产品。中央微处理机必须透过许多界面来控制家中的电器产品，这些界面可以是键盘，也可以是触摸式荧幕、按钮、电脑、电话机、遥控器等；消费者可发送信号至中央微处理机，或接收来自中央微处理机的信号。

家庭自动化是智能家居的一个重要系统，在智能家居刚出现时，家庭自动化甚至就等同于智能家居，今天它仍是智能家居的核心之一，但随着网络技术和智能家居的普遍应用，网络家电/信息家电的成熟，家庭自动化的许多产品功能将融入到这些新产品中去，从而使单纯的家庭自动化产品在系统设计中越来越少，其核心地位也将被家庭网络/家庭信息系统所代替。它将作为家庭网络中的控制网络部分在智能家居中发挥作用。

3. 家庭网络（Home networking）

首先要把这个家庭网络和纯粹的"家庭局域网"分开来，

"家庭局域网/家庭内部网络"这一名称，它是指连接家庭里的PC、各种外设及与因特网互联的网络系统，它只是家庭网络的一个组成部分。家庭网络是在家庭范围内（可扩展至邻居，小区）将PC、家电、安全系统、照明系统和广域网相连接的一种新技术。当前在家庭网络中所采用的连接技术可以分为"有线"和"无线"两大类。有线方案主要包括：双绞线或同轴电缆连接、电话线连接、电力线连接等；无线方案主要包括：红外线连接、无线电连接、基于RF（射频）技术的连接和基于PC的无线连接等。

家庭网络相比起传统的办公网络来说，加入了很多家庭应用产品和系统，因此相应技术标准也错综复杂。

4. 网络家电

网络家电是将普通家用电器利用数字技术、网络技术及智能控制技术设计改进的新型家电产品。网络家电可以实现互联组成一个家庭内部网络，同时这个家庭网络又可以与外部互联网相连接。

可见，网络家电技术包括两个层面：首先就是家电之间的互联问题，也就是使不同家电之间能够互相识别，协同工作；第二个就是解决家电网络与外部网络的通信，使家庭中的家电网络真正成为外部网络的延伸。

要实现家电间互联和信息交换，就需要解决：

（1）描述家电的工作特性的产品模型，使得数据的交换具有特定含义；

（2）信息传输的网络媒介。在解决网络媒介这一难点中，可选择的方案有射频、双绞线、同袖电缆、红外线、光纤。

目前认为比较可行的网络家电包括网络冰箱、网络空调、网络洗衣机、网络热水器、网络微波炉、网络炊具等。

5. 信息家电

信息家电应该是一种价格低廉实用性强、带有PC主要功能的家电产品。利用电脑、电信和电子技术与传统家电（包括电冰箱、洗衣机、微波炉、电视机、录像机、音响、VCD、DVD等）相结合的创新产品，是为数字化与网络技术更广泛地深入家庭生活而设计的新型家用电器。信息家电包括 PC、机顶盒、DVD、超级 VCD、无线数据通信设备、视频游戏设备、WEBTV、INTERNET 电话等等，所有能够通过网络系统交互信息的家电产品，都可以称之为信息家电。目前，音频、视频的通信设备是信息家电的主要组成部分。另一方面，在目前传统家电的基础上，将信息技术融入传统的家电当中，使其功能更加强大，使用更加简单、方便和实用，为家庭生活创造更高品质的生活环境，比如模拟电视发展成数字电视，VCD 变成 DVD，电冰箱、洗衣机、微波炉等也将会变成数字化、网络化、智能化的信息家电。

从广义的分类来看，信息家电产品实际上包含了网络家电产品，但如果从狭义的定义来界定。可以这样做一简单分类：信息家电更多的指带有嵌入式处理器的小型家用（个人用）信息设备，它的基本特征是与网络（主要指互联网）相联而有一些具体功能，可以是成套产品，也可以是一个辅助配件。而网络家电则指一个具有网络操作功能的家电类产品，这种家电可以理解是原来普通家电产品的升级。

信息家电由嵌入式处理器、相关支撑硬件（如显示卡、存储介质、IC 卡或信用卡等读取设备）、嵌入式操作系统以及应用层的软件包组成。

信息家电把 PC 的某些功能分解出来，设计成应用性更强、更家电化的产品，使普通居民步入信息时代的步伐更为快速，是具备高性能、低价格、易操作特点的 Internt 工具。信息家电的出现将推动家庭网络市场的兴起，同时家庭网络市场的发展又反过来推动信息家电的普及和深入应用。

可以看出，实际上家庭自动化产品、家庭网络产品、网络家电产品、信息家电产品都只是智能家居系统产品里的一种，它们有各自不同的产品特征，不能简单地将它们划等号。当然也有许多概念交叉的产品，如机顶盒你可以理解为是一个家庭网络产品，但同时又是一个信息家电产品。

二、智能家居的基本要求

进入 20 世纪 90 年代后期以来，数字化技术取得了更加迅猛的发展并日益渗透到各个领域。随着 Internt 向普通家庭生活不断扩展，消费电子、计算机、通信一体化趋势日趋明显，智能化信息家电产品已经开始步入社会和家庭。智能信息家电由于其安全、方便、高效、快捷、智能化等特点在 21 世纪将成为现代社会和家庭的新时尚。当家庭综合服务器（Integrated Home Server）将家庭中各种各样的智能信息家电通过家庭总线技术连接在一起时，就构成了功能强大、高度智能化的现代智能家居系统。

可以体验一下生活在智能信息家电所创造的现代化生活场景：

清晨 6 点 20 分，轻柔的音乐自动响起并逐步增大音量催你起床，同时卧室的光线也逐渐调整到清晨的亮度。6 时 30 分，电视自动调整到 CNN 频道播报当日新闻。同时，你的智能咖啡壶已自动热好咖啡。出门时，你完全不必担心灯还没关，大门还没锁。因为在你开车上公路的时候，埋藏在地下的传感器会检测到你离家了，智能家居系统会自动帮你照料好一切。

上班以后，你可以随时登陆到自己的家庭网站上查看安全防护系统的摄像记录。通过连接到托儿所的摄像头，你还可以观察到你一岁小儿子的一举一动。而当下午你的大儿子放学回家时，在他嵌入安全密码进屋的同时，你的寻呼机上会显示出孩子已经安全到家的消息。下班路上，在离家还有一两分钟时，你掏出手机指示家里的空调开始工作。接着安装在家门口的传感器检测到你回家了，由于天色已晚，院子的大灯自动开启，车库的大门也自动打开。

走进厨房，热气腾腾的晚餐已经备好。这要归功于你的智能电炉的快速烹饪功能。晚餐后，你来到家庭影院，电视机的机顶盒在白天已经按照你的指示自动搜索并摄录了电视节目。睡觉前，你通过床边的触摸屏下载了电子邮件，然后按下了"晚安"键。这时，你家的灯全部熄火，大门锁好，而安全防卫系统开始忠实地守卫你的家园。

听起来这一切好像是在做梦，可是美国《Electronic House》杂志主编 Amanda Finch 却指出这样一套梦幻般的智能信息家电系统正在进入普通百姓的家庭。然而这种智能家居系统并不是智能信息家电的实质。智能信息家电的实质就是：专业系统变成通用系统。

1. 智能信息家电的特点及可以提供的服务

从上面场景描述中可以看出智能信息家电能够提供以下服务：

（1）安全防范。智能安防可以实时监控着非法闯入、火灾、煤气泄露、紧急呼救的发生。一旦出现警情，系统会自动向中心发出报警信息，同时启动相关电器进入应急联动状态，从而实现主动防范。

（2）消费电子产品的智能控制。例如，可以自动控制加热时间、加热温度的微波炉，可以自动调节温度、湿度的智能空调，可以根据指令自动搜索电视节目并摄录的电视机/录像机等等。

（3）交互式智能控制。可以通过语音识别技术实现智能家电的声控功能，通过各种主动式传感器（如温度、声音、动作等）实现智能信息家电的主动性动作响应。用户还可以自己定义不同场景智能信息家电的响应。例如你可以在电话里告诉智能家居控制器："晚上 5 点把后门的灯打开，并把空调设定到 25℃。"

（4）家庭信息服务。例如你的智能冰箱可以根据冰箱里贮藏食物的情况自动生成一个购物清单供你购物时参考，甚至可以通过网络来自动订购食物。智能家庭服务器可以提供最新的股市情报、新闻、天气预报、电视节目预报，甚至当前公路上的交通流量状况，还可以自动管理用户的水电账单、银行和信用卡账户等财务信息。

（5）自动维护。智能信息家电可以通过服务器直接从制造商的服务网站上自动下载、更新驱动程序和诊断程序，实现智能化的故障自诊断、新功能自动扩展。

（6）家庭医疗保健。通过网络化的智能传感器，医院可以通过网络对用户进行身体检查。

2. 信息家电的主要特点

同传统的家电产品相比，智能信息家电具有如下特点：

（1）网络化功能。智能化信息家电可以通过家庭局域网连接到一起，还可以通过家庭网关接口同制造商的服务站点相连。

（2）智能化。智能信息家电可以根据周围环境的不同自动做出响应，不需要人为干预。例如，智能空调可以根据不同的季节、气候及用户所在地域，自动调整其工作状态以达到最佳效果。

（3）开放性、兼容性。由于用户家庭的智能信息家电可能来自不同的厂商，智能信息家电平台必须具有开放性和兼容性。

（4）节能化。智能信息家电可根据周围环境自动调整工作时间状态，从而实现节能。

（5）易用性。由于复杂的控制操作流程已由内嵌在家电里的控制器解决，因此用户只需了解非常简单的操作。

3. 国外智能信息家电产品举例

许多计算机、通信、家电行业的"巨人"都认识到智能信息家电的巨大市场潜力，纷纷进入这个领域。Cisco、Intel、Nortel、Motorola、Lucent、3Com、IBM、Erisson 和 National 等公司都已开始建立智能信息家电和智能家居公司。根据美国一家权威市场调查机构估计，2003 年，建设网络化家庭所带来的市场总值就高达 4500 亿美元，其中 3700 亿美元是智能信息家电硬件产品的价值，其余是软件和技术支持服务的费用。

目前已出现在市场上的智能信息家电和智能家居类的产品主要有：

（1）NEYWELL 公司的智能家庭产品，它可以通过设在家庭内的控制面板、电话或联网的计算机来监控智能家居的报警系统、照明系统、智能信息家用电器和智能调温设备。

(2) STARGATE 的家居自动化系统（JDS 公司出品）。它可集中控制照明、报警、室温调节、家庭影院、视频/音频、语音邮件、监控等系统，还允许通过网络更新控制程序，无需通过更换 EPROM 就可完成软件的升级。

(3) NI 智能家居系统（HAI 公司出品）。主要有 3 类产品：OMNILT、OMNI、OMNIPRO，分别适用于普通家庭、办公室及高级住宅。可用于协调控制这些地方的照明、调温、保安等系统。所有 OMNI 产品都配有内置的串口，可用来与 INTERNET 连接。用户可借助于 HAI 公司的软件 Web-Link，通过网络对控制器进行设置。

(4) Aldeluxe 智能家居系统（HAL 公司出品）。它在 PC 机上集成了家居系统的所有控制，包括电灯、设备、空调系统、电话、保安系统、家庭影院和互联网系统等。用户可以在任意地点通过声控实现对这些系统的控制。由于 HAL 是通过房间里现有的电源线从 PC 机上传送命令，用户不需要对房间进行重新布线。

三、智能家居的基本功能

家庭现代化是我国自改革开放以来人们一直努力追求和奋斗的目标，它可以分为以下几个阶段，即：电子化、自动化、网络化和智能化。目前，发达国家和地区已经走过了电子化、自动化和网络化阶段，但是即使在发达国家，真正的智能化家庭也还没有出现。在国内经济比较发达的地区家庭，已经基本完成了电子化和自动化，并正向网络化方向发展。

现在，人们用上了微波炉、电饭煲、全自动洗衣机、电冰箱、洗碗机、消毒柜、电话、移动电话、摩托车、私家小汽车。节假日人们开始喜欢出外旅游或到休闲娱乐场所活动等等，这一切显示人们的生活方式正在向家居生活现代化迈进，但还不能说实现了家庭的现代化或智能化，这仅仅是家庭智能化的前奏曲。

到目前为止，还没有一个关于智能化家庭准确而又被广泛接受的定义，我们认为智能化家庭应是在智能化理论背景的指导下，在计算机技术、网络技术、通信技术以及多媒体技术的支持下，综合家庭安全防范系统（HSS，Home Security System）、家庭自动化系统（HAS，Home Automation System）、家庭通信系统（HCC，Home Communication System）和家庭文化系统（HCS，Home Culture System）的各项功能，通过家庭总线系统将家庭智能化各子系统连接起来，为住户家庭提供安全、舒适、便捷和信息交流通畅的生活环境，其功能如图1-12所示。

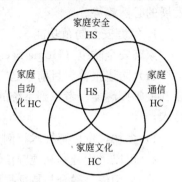

图 1-12 智能化家庭的功能模块

图 1-12 说明家庭智能化系统应以智能理论为背景。它有两个方面的含义：其一是家庭各子系统的各种组成设备单元本身有一定程度的智能化，例如采用模糊控制理论的全自动洗衣机、采用混浊理论的空调机等；其二是家庭智能化各子系统总体的智能性，例如家庭安全防范系统的智能报警控制等。

需要强调的是，多媒体技术对智能化家庭和智能小区非常重要。目前，国内外许多智能化产品都是基于手动控制或电话拨号控制方式（电话拨号实际上也是一种远程手动控制），方法单一，根本无法满足深层次要求。目前，多媒体技术已经得到了很大的发展，语音压缩和视频压缩与传输技术得到了广泛的应用，例如，高清晰度电视（HDTV）系统、视频点播（VOD）系统等，语音识别技术也已开始应用。据报道，日本已经研制出可以识别和理解主人说的几十句日常用语的机器人。而英国正在研究利用视频信息识别人的行为特征的系统，用于超市等场所的安全防范。无论是音频识别系统，还是视频识别系统的发展，都将大大改善人机交互界面，提高家庭智能化系统的智能程度。

目前，许多系统实际上仍然是一个在微处理器控制下高度自动化的系统，缺少含有智能性的技术和算法，缺少交互媒体的种类。当然，这种要求对于家庭设施来说是相当高的，但它是社会发展的必然趋势。

1. 家庭安全防范功能

家庭安全防范（Home Security）目前主要包括以下功能：

（1）防盗报警。目前家庭广泛采用被动红外报警探测器、门磁开关等探测器。考虑到系统的可靠性和准确率，可以采取以下技术：

1）多物理量传感技术，例如基于微波和红外的智能探测器；

2）可以采用音频和视频信息，进行家庭远程状态实时监控；

3）采用信号融合与特征提取技术等。

（2）防盗报警系统等级布防，目前广泛采用的方法主要有：

1）按键方式设立防护等级和延迟撤防；

2）遥控器设防和撤防；

3）电话设防和撤防。

指纹锁控撤/布防系统以及语音锁控撤/布防系统将是未来家庭防盗报警系统的重要形式。

（3）防盗系统的防破坏能力。防盗系统应具有一定的控制能力、预设能力和防破坏能力，包括：

1）报警时自动强制占线；

2）预设报警电话；

3）各种探头的断路、短路等状态检测；

4）电话线的切断报警等。

（4）紧急与遥控护理。目前广泛采用的是固定式紧急呼救按钮。便携式紧急呼救按钮也是一种重要的呼救方式。在此基础上，区分呼救类型，例如老人护理求助、儿童监护求助、病人护理求助以及意外紧急求救等，这对于采取及时、有效的救援措施极为重要。此外，利用语音识别技术进行呼叫求救，将是一种重要、有效且具有一定智能化程度的紧急呼救形式。

（5）火灾与煤气泄漏报警。目前广泛采用烟感探测器、温感探测器和煤气泄漏探测器。由于目前采用的监测方法过于简单，因此误报率比较高。更为有效的方法是采用多传感器（即多个探头和多种探头）信号融合技术，综合识别火灾与煤气泄漏事故，提高系统的可靠性和报警的准确率。

未来家庭防范系统将进一步强调视频和音频信息的综合利用，以取代手动设防、撤防和报警。利用视频信息和音频信息的模式识别与特征提取，实现智能化自动撤防和报警等功能。

2. 家庭自动化功能

家庭自动化（Home Automation）主要包括以下几个方面：

（1）多表数据的远程自动抄表或 IC 卡抄表。例如饮用水表、生活用水表、热水表、电表和煤气表等的自动计费与抄录；

（2）主要家电设备的红外线（IR）遥控功能。例如冰箱；

（3）主要家电设备的远程遥控功能；

（4）主要家电设备的事故或时间自动触发控制功能。

最近，各种主要家电上网开始成为家庭消费新热点，手机上网已普遍推出并已有了样品，其他家电也在准备上网。但是存在几个问题需要今后探索解决：

（1）以电子商务为基础的服务系统的有效确立；

（2）各种家电上网的操作方便性和实用性；

（3）各种家电上网过程控制的安全性保证。

例如在微波炉内无任何食物时，远程启动微波炉将带来难以预料的后果。这将进一步要求各种家电自身的智能化水平要很高。

家庭自动化的出行工具——汽车已开始走进中国人的家庭。汽车上网可以给主人带来方便，但也给主人带来了开车上网的新危险。因此，能检测汽车状态，并能控制上网时间的智能系统将极为重要。

3. 家庭通信功能

家庭通信（Home Communication）主要方式包括：

（1）利用电话线进行语音和数据信号的传递；

（2）利用数据线进行计算机通信；

（3）利用有线电视电缆进行视频信号通信；

（4）利用监控/多表传输专用线进行监控信号/多表信号通信，包括报警信号、控制信号、视频信号、语音信号和多表数据信号等。

为适应家庭多媒体通信需求，家庭通信将开始广泛采用以下几种技术：

（1）采用光纤接入技术；

（2）光纤同轴混合电缆技术；

（3）ADSL 接入技术；

（4）ATM 接口。

4. 家庭文化功能

家庭文化（Home Culture）作为智能化家庭的重要内容，具有重要地位。这里的家庭文化主要是指家庭网上文化，主要包括：

（1）网上教育。目前国内已经正式开通了十几家网上大学，还开通了很多网上中小学，消除了时间、空间对教育的限制，使更多的人享受到平等教育的机会。在线教育将是一种重要的教育方式。

（2）网上娱乐。各种娱乐网站如雨后春笋，随处可见。网上远程交互游戏也是一种新的娱乐形式。

（3）家庭主页与个人主页。家庭主页与家庭个人主页将是一种网上社会交际新形式。它一方面反映出家庭与个人的文化素养，另一方面也给家庭与个人提供一种新的自我表现和展示的空间，同时也是一种新的文化交流形式。

（4）网上信息。它包括：

① 国内外各种新闻；

② 各种人才/用工信息；

③ 房地产信息；

④ 股票信息；

⑤ 交通信息；

⑥ 气象信息；

⑦ 文化信息等。

（5）网上邮局。E-mail 已被上网用户广泛使用，其他作为电子商务的网上邮局还没有启动。

（6）网上医疗。网上医疗已经开始起步，一些医院利用网络扩大了业务范围，提高了服务质量，增加了经济效益。更为广泛的医疗服务还在扩展、完善之中。

（7）网上商店。一些商店开始提供网上服务，包括网上订票等。

应该说目前的家庭网上服务还很有限，或者说刚刚起步，许多电子商务作为家庭应用的内容还没有实现，例如网上银行、网上营销、网上保险等。然而，它们毕竟作为一种新的文化和技术，开始广泛应用于智能化家庭。

四、智能家居的通信网络

在小区智能化系统中，包含了两个信息网络，即底层信息网络和上层信息网络。底层信息网络就是为实现小区智能化系统前端各种设备、仪器的自动信息采集、传送和自动控制所建立的通信网络系统。上层信息网络是指连接到每一住户家庭的、基于 TCP/IP 协议的小区局域网（Intrant），通过这个局域网，可以实现与因特网的连接。

关于智能小区局域网，前面已作详细讨论，这里着重介绍底层通信网络。

1. 底层通信网络

在智能小区中有许多设备需要进行自动控制，如小区周界防越报警、家居安全防范报警、小区门禁控制、小区公共照明设备控制、小区电力状态监控、小区水泵工作状态监控和住户多表计量等等。在这些系统中，设备之间的通信和系统对它们的控制，均是某种总线方式或采用几种总线相结合方式来实现的。这种用计算机（通常采用微型计算机）通过一种或多种总线方式，实现与现场各种设备的通信，并通过总线实现对现场设备进行必要控制的计算机网络系统称为底层通信网络系统，简称底层网络。

目前，用于构成底层网络的总线方式很多，总体上可以分为两类，即由传统的通信控制总线构成的底层网络和由新型的现场总线构成的底层网络。

传统的通信总线底层网络形式主要包括 RS232C 总线、RS422A 总线、R423 总线、RS449 总线和 RS485 总线。尽管 RS232C 传输速率低（异步方式通信速率限制在 19kbit/s 以下）、传输距离短（一般为 15m，最长不超过 60m）、抗干扰性差，但 RS232C 仍是一个应用最为广泛的串行通信总线之一，目前仍广泛用于智能小区各种计算机系统中的短距离、低速计算机系统通信。例如，某些监控系统微机与监控主机（一般为微处理器）之间的通信方式经常采用标准 RS232C 串行总线。RS422A 总线、R423 总线和 RS449 总线在传输速率和抗干扰性方面比 RS232C 总线有明显提高，如 RS422A 总线在速率为 100kbit/s 时传输距离可以达到 90m，通过中继器，传输距离可达到几公里。目前，RS422A 总线和 RS449 总线还大量应用在许多智能小区系统中，如某些门禁控制系统的网络传输系统经常采用 RS422A 总线。RS485 是目前广泛采用的一种总线形式，它采用两线制，通过中继器传输距离可以达到上百公里，并且其传输速率和抗干扰性明显提高。RS485 总线是目前工厂现场设备控制与通信的主要总线形式。在智能小区系统中的许多子系统，如家居报警系统、多表计量与远传系统等，均采用 RS485 总线形式。

近几年来，以全分散控制为主要特征的现场总线技术开始迅速掘起，成为底层网络技术中的重要力量。它具有信息传输实时性强、可靠性高、帧长比较短、传输速率比较高（一般速率在几 kbit/s 至 10Mbit/s）等特点。现场总线种类较多，目前常见的有：现场总线 FF、LonWorks 总线、FROFIBUS 总线、CAN 总线和 HART 总线。其中，LonWorks 总线和 CAN 总线在智能建筑领域应用比较广泛。

总之，底层网络是小区智能化系统的重要组成部分，通过它可以实现智能小区楼宇自动化、安防自动化、家居自动化等多项功能。

2. 底层网络总线选择原则

底层网络总线是实现小区各项自动化和智能化的基础，是整个小区可靠运行的基本前提。实际上，底层网络总线的选择关键是底层网络标准的选择，在选定底层网络标准的基础上，解决问题的关键是通信控制芯片的选择和通信介质的确定。因此，在选择底层网络总线时应注意以下原则：

（1）可靠性原则。在底层网络中，传输的内容主要是控制指令和系统状态，这些信息是绝对不允许出现传输差错的。因此，底层网络各环节都要保证很高的可靠性，它包括满足环境要求的接口标准选择、芯片性能可靠性保证和介质抗干扰性等。

（2）通信速率和通信距离要求。在底层网络中，不同的应用要求传输的速率和距离各不相同，而且差异很大。因此，应从实际需求出发，根据通信距离要求综合考虑，选择能满足合适通信速率要求的底层网络总线。例如，在要求进行远距离传输时，就应考虑采用 RS422A 总线或 RS485 总线，或者考虑采用现场总线形式。RS422A 总线和 RS485 总线通信距离长，传输速度适中，抗干扰性能良好，并且经济性好，可以优先考虑选用。现场总线不仅具有上述优点，而且还具有更强的通信能力和现场控制能力，但价格方面则不如 RS422A 总线或 RS485 总线低廉。

（3）先进性、实用性与经济性相结合的原则。当今世界，技术发展日新月异，适当追求技术先进性，避免因技术陈旧而过快淘汰底层网络产品。但这种先进性是以实用性为前提的，不宜采用技术先进但尚未成熟的产品。应考虑技术发展的阶段性，宜采用技术成熟、性能价格比较高、并且已取得一定市场份额的底层网络产品。

（4）抗干扰能力原则。选择底层网络应保证在不超过其使用范围时都有一定的抗干扰能力。为此，要从选择底层网络总线标准、底层网络设备设计、传输介质，乃至底层网络通信软件等几方面，充分考虑抗干扰问题。

（5）技术发展方向性原则。底层网络所采用的技术应充分考虑技术的发展方向，避免选择采用淘汰技术生产的产品。这样有利于保护已有投资和系统的升级换代，同时也有利于系统的兼容性和易维护性。

3. 底层控制通信网络的发展方向

随着电子技术的迅猛发展，许多新技术、新工艺和新产品层出不穷，新一代的电子器件、电子仪表、电子系统功能不断增强，使用更加方便，性能更加可靠，使智能小区底层网络技术也随之迅速更新。目前，智能小区底层网络各系统广泛采用的技术主要有：

（1）RS232C 通信技术。该技术仅限于近距离计算机之间或计算机与电子设备之间的通信，其传输速率和传输距离使其在智能小区底层网络各子系统中的应用范围受到一定限制。

（2）RS422A 通信技术。该技术能提供一定的网络传输速率，并能保证足够的传输距离和抗干扰性，在智能小区底层网络各子系统中得到了广泛应用。例如，目前许多门禁系统产品都是采用该技术。

（3）RS485 通信技术。该技术是目前智能小区底层网络各子系统中应用最为广泛的技术，也是目前许多远程传输系统的首选通信方式。该技术实际上与 RS422A 很相似，为实现双工通信，RS422A 采用四线制；而 RS485 采用二线制实现半双工通信。目前，智能小区多表远传抄录系统和家居报警系统多采用该技术。该技术在许多情况下基本取代了 RS422A 技术，是目前最为流行的成熟技术。

（4）LonWorks 技术。尽管该技术历史不长，但发展迅速，它在智能大厦中央空调控制子系统等有着典型的应用，并正在向智能小区各子系统推进。国外已有了以 LonWorks 技术为核心的各种家庭智能控制器产品，Echelon 公司也在积极推广该技术，希望通过该技术实现家庭网络化，并进一步实现与小区局域网无缝连接的进程。

（5）CAN 技术。CAN 技术是另外一种流行的现场总线技术，在智能大厦和智能小区各子系统中得到广泛应用。特别是因其研制、开发和系统造价低廉而在我国受到更为普遍的欢迎。各种基于 CAN 技术的智能小区产品和系统已经开始走入市场。

智能小区底层网络的新技术、新产品正在不断涌现，未来智能小区底层网络技术中比较具有代表性的技术将可能是：

（1）无线通信技术。家居布线与智能大厦结构布线有很大的不同，其关键一点在于家庭的二次装修问题。这使得家居布线很难一次完成。往往要根据住户入住时提出的不同装修要求，请专业施工人员进行家居布线，传统的结构布线在家庭环境布局中也会遇到具体困难。此外，对于临时性的通信需求，传统布线更是无能为力。因此，无线通信技术在家庭网络及家庭底层网络应用中具有独特的优势。目前，国内市场虽然缺乏能很好满足智能小区各种需求的无线家庭通信产品，但相关技术和类似产品已开始出现，它必将成为智能小区底层网络中的重要技术。

（2）以 PC 机为家庭高级智能控制节点的网络技术。尽管基于 TCP/IP 的以太网其实时性不够理想，但它已广泛存在，且 PC 机已经进入很多中国人的家庭，局域网也已开始"网络"每一个角落。因此，基于 PC 机的局域网在智能小区中普遍应用是必然趋势。在这种情况下，以一台专用的 N 机作为家庭高级智能控制器，可以实现和满足住户现在和未来的各种控制需要，包括视频传输、音频传输等多媒体信息传输和控制。通过 PC 机和小区局域网，可以实现家庭安全防范、多表远程抄录、家庭远程安全监控、家庭医疗服务、家电上网管理和其他新型家庭服务。基于 PC 机的家庭高级智能控制器为住户提供了潜在的可无限扩展的空间。这也意味着小区局域网与小区其他网络（例如远程抄表网络、安全防范网络等）的"多网合一"将成为智能小区控制网络中的一种主要技术。

（3）基于 IP 芯片技术。该技术与上述技术具有相关性。上述技术强调以家庭高级智能控制用 PC 机为核心，其他设备或仪表均通过该 PC 机实现各种功能。实际上，随着技术的发展，市场上开始出现了提供 IP 地址的芯片，这意味着将来许多产品很可能都有其自己的 IP 地址，不需要通过家庭中的计算机就可以独立上网。基于 IP 芯片的智能传感器、智能控制器和智能系统将在智能小区、智能家庭中得到广泛的应用。到那时，小区底层网络功能将更加强大，人们将更加方便地实现远程家庭设备的控制。

尽管很难准确预测未来的技术发展，但有一点可以相信，只要有需求，就会有相应的技术来实现它，智能小区的相关技术也是如此。

4. 智能家居的网络骨架

智能家居是通过统一的网络总线和控制平台将家庭的电器设备、灯光控制系统、安全控制系统、能源管理系统等连成一体的。目前智能家居的发展趋势是由集中控制到分布控制，与集中式控制相比，分布式控制不仅能减少布线，而且能提高系统的可靠性，当某一个节点出现故障时，只需将该节点从网络中拿走，而其他节点不受影响。

分布式智能家庭控制网络的一般结构如图 1-13 所示。由该图中我们可看出，智能家庭控制网络主要由下面几个部分组成：

（1）总线耦合器（BCU，Bus Coupl Unit）。这是将家用电器/设备连接成一个网络的关键部分，也是网络总线与家用设备之间的纽带。它的主要作用首先是在各个 Hcu 之间实现信息的交换，实现对家用设备的信号的获取（输入）或控制信号的输出。BCU 对信息进行处理，并确定信息是否要经总线或其他BCU 作传送。此外，由于每个 BCU 可以连接多个家用设备，因此它还需要确定信息的来源。

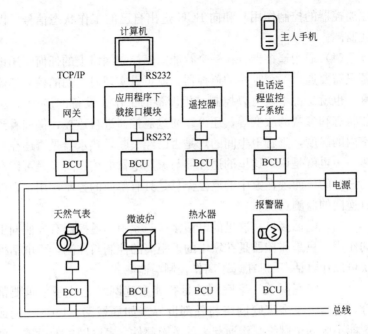

图 1-13　分布式家庭控制网络的基本组成

（2）家电控制信号的驱动部分。BCU 无论在输入驱动的电压还是在输出电流驱动能力上都是很有限，驱动部分就是要将 BCU 输出的控制信号"放大"到足以驱动家用电器的能力，同时也应将输入的微弱信号"放大"到 BCU 能够认可和接收的水平。

（3）家用电器。这是智能家庭中实际使用的设备。它与目前家庭使用的设备不同之处是：它们更具有灵活性，并应配置可以与 BCU 连接的相应的接口。一般原来只有开/关状态的家用设备（如微波炉、电饭煲等）几乎不用做太大的变动；而原来具有多种功能调节的家用设备（如电视可调音量、频道；空调可调温度、风力及方向；音响系统可调音量、音质及自动换组等），则应由家用设备厂家做较大的变动，即每个家电应增加一个与 BCU 连接的接口，以便可以接收来自 BCU 的控制信号（以替代

65

原遥控器的控制作用）和向 BCU 送出自己的工作状态信号，以便监测。

（4）通用遥控器。在一个智能家庭控制网络上的任何家用设备只需要通过一个唯一的遥控器，就可以实现对它们的控制和监测。也就是说不仅可以控制家用设备的工作如设备的启/停、工作状态和参数的改变等，还可以通过遥控器进行监控，例如看到室内的温度，查看卫生间的灯是否已经关断，热水器是否还在加热……也就是说，这里的遥控器与家用电器的信息交换是可以双向进行的，而现在家中的遥控器只是具有单向的控制作用，而没有逆向的监测功能。

（5）电话接口。这里的电话接口与家中的遥控器有异曲同工的作用，只是遥控器是在家中的近距离的控制与监测，而电话模块可以让电话/手机在远距离作控制与监测。

（6）家庭网关。家庭网关是智能家庭网络上的一个重要部分，它是将单个家庭网络与外部世界（如局域网、Internt 网或智能小区的子网络）沟通起来的关键部件。家庭网关的设置，就像现在的计算机上了网络一样，可以到各个网站上去浏览各种信息，可以收/发 E-mail 等，同时也可以通过远程已经连接到Internet 上的计算机来控制和监测家庭中各种设备。

第二章 智能网技术

第一节 概 述

近几年来智能网及技术在世界范围内发展迅猛，它不仅为传统的电信业和广大用户带来了丰富多彩的新智能业务，而且也为网络运营商和设备提供商带来了巨大的收益。由于智能网技术将网络的业务呼叫交换功能与业务控制功能彻底分开，且将业务的执行环境与具体业务的提供相独立，因此从根本上改变了目前电信网提供业务的传统方式。智能网的实际应用，标志着电信网技术发展进程中的重大变革。下面介绍智能网的一些基本概念。

一、智能网的定义

智能网（IN-Intelligent Network）就是在传统的通信网络基础之上，为迅速快捷提供新业务而设置的一种附加网络结构。其目的是为电信营运者能经济有效地提供用户所需的各种各样的电信新业务，使用户对网络有更强的控制功能，并且能够方便灵活地获取各种所需的信息。电信新业务是指在原有电信网基础上新发展起来的增值业务，例如各种新的语音业务（语音邮箱、声讯服务）、数据业务、图文业务、移动通信业务等。电信新业务的发展促进了网络的发展，促使网络由单纯地传递和交换信息逐步向同时可进行信息存储和处理的智能化方向迈进。所谓"智能"，是相对而言的。在以电路交换的电话网中采用程控交换后，电话网也就具有了简单的智能，它不仅可以进行公共控制和译码。而且还具有缩位拨号、呼叫转移等智能功能。当然单独由程控交换机作为交换节点而构成的电话网并不能称为智能网，智能网与具有个别智能功能的现有交换机是不同的概念，很明显智能网的范围及涉及的业务是非常大而广泛的。

智能网依靠先进的 No. 7 信令系统和大型集中数据库来支持。它的主要特点是将网络的交换功能与控制功能相分离，把电话网中原来位于各端局交换机中的智能统一集中到新增的功能部件上，而让原有的交换机仅完成基本的传输与交换功能。交换机采用开放式结构，以标准接口方式与业务控制点连接，同时受业务控制点的控制。由于 IN 对网络的控制功能不再分散于每个交换机上，因此，一旦需要增加和修改新业务，就不必修改每个具体交换中心的交换机，只要在业务控制点中增加和修改业务逻辑，并在大型数据库中进行相应的软件修改即可。这样随着新业务的随时提供，不会对正在营运的网络业务产生影响。

随着电信业的蓬勃发展，电信新业务不断涌现，这些新业务通常被称为智能业务（IS-Intelligent Service）。这些业务除了需要对信息进行传输和交换外，还需进行如下一些"智能"化处理。

（1）对信息进行存储、过滤等处理。

（2）按不同要求进行多种方式计费。

（3）根据诸如主叫地点、呼叫时间等不同条件选择不同的被叫。

（4）对信息进行全网集中数据库管理。

（5）适时进行合理选择，充分利用网络资源等。

未来的 IN 随着技术进步，可配备完美的业务生成环境，用户可以根据自己的特殊需求定义自己的具体业务，真正实现智能。

二、IN 的组成

一般来说，智能网由业务交换点、智能外设、业务控制点、业务管理系统、业务生成环境、信令转移点等部分组成，如图2-1 所示。

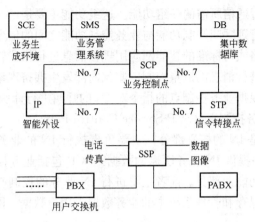

图 2-1 IN 的组成

1. 业务交换点（SSP-Service Switching Point，SSP）

SSP 的主要功能是进行呼叫控制和业务交换。呼叫处理功能具有接受用户呼叫、执行呼叫建立和呼叫保持等基本的接续功能；而业务交换功能主要是接收和识别智能业务的呼叫，并向业务控制点报告，从而接受业务控制点发来的控制指令。SSP 以原有的数字程控交换机为基础，再加上一些必要的软硬件及 No.7 共路信令系统接口来完成其业务交换和呼叫处理。

SSP 的呼叫控制功能包括基本呼叫处理功能和支持 IN 呼叫的附加功能。前者是指在 IN 中进行呼叫的建立和过程监视中的信令控制与呼叫处理，基本与一般网络呼叫功能相同；而附加功能主要包括如下几点：

（1）基本呼叫过程中增加检测点，以便检测出 IN 中为进行控制呼叫而需要的各种呼叫事件。

（2）进行呼叫控制监视，并处理呼叫过程中发生的事件。

（3）根据接收的事件向业务控制点报告呼叫信息的状态。

（4）对呼叫进行各种控制和监视。

SSP 的业务交换功能相当于智能网与交换机之间的接口，业务交换功能与呼叫控制功能相结合形成了业务交换点与业务控制点之间进行通信所需的一组功能。这组功能主要是：

（1）管理呼叫控制功能与业务控制功能之间的信令，将交换机的消息格式与标准的智能网应用规程消息进行格式转换。

（2）进行消息的流量控制，避免内部发生拥挤现象。

（3）根据业务控制点的指令对 IN 的呼叫进行计费。

2. 业务控制点（SCP-Service Control Point）

SCP 是 IN 的核心部分，主要负责执行 IN 的业务逻辑程序（SLP），并提供 IN 业务所需的数据。SCP 包括业务控制功能和业务数据功能两部分。前者主要进行 IN 业务的控制与处理，后者主要是保存和管理系统中的业务数据、用户数据、网络数据和资费数据。

SCP 除存储各种数据和业务逻辑外，还主要接收 SSP 送来的查询信息，然后查询数据库，并进行译码后再送到 SSP。同时，SCP 还能根据 SSP 上报的呼叫事件启动不同的业务逻辑，并向 SSP 发出呼叫控制指令，以完成各种各样的智能呼叫。IN 所提供的全部业务的控制功能都集中在 SCP 中。SCP 与 SSP 之间 IN 的标准接口协议进行通信，SCP 通常由大型计算机和大型实时高速数据库组成，SCP 必须具有很高的可靠性，通常要求年服务中断时间小于 3min，且要具有强大的容错能力。因此一般至少要求 SCP 是双备份甚至三备份。

3. 智能外设（IP-Intelligent Peripheral）

IP 是协助完成智能业务的专用资源，是 IN 的物理实体之一，向网络终端用户提供使用业务时所需要的各种资源，如语音提示与语音合成、DTMF 收号器、语音信号发生器，发送与接收语音以及语音识别设备等。IP 可以是一个独立的物理设备，也可以是 SSP 的一部分。它接受 SCP 的控制，执行业务逻辑指定的操作。IP 设备一般造价较高。

4. 信令转移点（STP-Signalling Transition Point）

STP 用来沟通 SSP 与 SCP 之间的信号联络，转接 No. 7 信令，实质上 STP 是 No. 7 信令系统的组成部分之一。

5. 业务管理系统（SMS-Service Management System）

SMS 是靠一个计算机系统来完成业务管理的，它负责进行业务管理控制、业务配置控制、数据库管理、网络监视、网络话务管理、网络数据收集等全部管理服务。其主要功能及分类可归纳如下：

6. 业务生成环境（SCE-Service Creation Environment）

SCE 是 IN 的灵魂，真正体现了 IN 的特点，它为用户提供友好的图形编辑界面，用户可利用各种标准图设计自己所需的新业务逻辑，定义相应的数据。设计好的业务，SCE 首先进行验证与模拟，确保该新业务不会损害电信网后，由该业务逻辑传送给 SMS，再由 SMS 加载到 SCP 上运行。

用户开发一个新业务，一般需要三个过程才能完成，即业务设计、业务检验与业务规范。图 2-2 画出了 SCE 生成一个新业务的简单工作原理，业务规范一般不需 SCE 参与。

IN 的主要目标就是要便于新业务的开发与生成，而 SCE 正好满足了用户按需设计业务的功能。下面以目前已有的 800

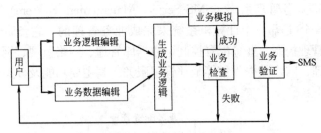

图 2-2 SCE 的工作原理

免费电话业务为例，来说明智能网的工作原理。其工作步骤如下：

(1) 主叫用户拨 800 号码，号码传到 SSP。

(2) SSP 向 SCP 查询该号码。

(3) SCP 查询集中数据库。

(4) SCP 将查询结果送回 SSP，同时进行译码。

(5) SSP 根据译码通过交换机连接主、被叫之间通信。

(6) 发出振铃。

三、IN 的概念模型

上面简单介绍了 IN 的组成，为了更深刻理解 IN，下面介绍 IN 的概念模型。IN 概念模型是国际电联组织（ITU-T）在 Q.1200 系列建议中提出来的，其目的是更好地理解 IN 概念，以便能在全球范围内采用一种统一规范的方式来发展智能网。智能网概念模型可用一个四层平面模型来表示，如图 2-3 所示。这四层分别是业务平面、全局功能平面、分布功能平面和物理平面。有了概念模型，可使我们从不同的角度来认识、观察和理解 IN 与智能业务。

1. 业务平面（SP-Service Plane）

SP 描述的是为用户服务的业务外观，只说明具体业务的性能，而与业务的实现无关。国际电联在 IN 能力集中定义 25 种业务和 38 种业务属性，业务属性是业务平面中最小的描述单位。

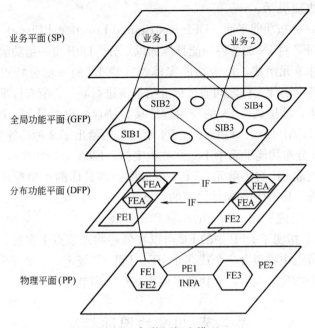

业务平面(SP)

全局功能平面(GFP)

分布功能平面(DFP)

物理平面(PP)

图 2-3　智能网概念模型

一般一个具体业务是由一个或多个业务属性组合而成的。

2. 全局功能平面（GFP-Global Functional Plane）

GFP 主要面向业务设计者，从这个功能平面看 IN 是一个整体，对诸如业务控制点、业务交换点、智能外设等功能部件不加区分，只是把它们合起来看成是一个统一体来考虑其功能。ITU 在 IN 能力集中定义了 14 个与业务无关的构成块（SIB-Service Independent Building Block）。有了这些 SIB，就可用它来组成（定义）各种不同的业务和业务属性，不同的 SIB 组合方法再加上适当的参数就构成了不同的具体业务。把 SIB 组合在一起所形成的链接关系称为业务的全局业务逻辑（GSL-Global Service Logic），这样业务设计者只要描述出具体业务用到哪些 SIB 和它们之间的顺序，以及 SIB 的一些参数，就可完成一个具体业务的设计。这样的业务设计既标准又快捷灵活。

3. 分布功能平面 （DFP-Distributed Functional Plane）

DFP 对 IN 的各种功能具体加以划分。DFP 由一组功能实体的软件单元组成，每个功能实体都完成 IN 的一部分特点与功能。各个功能实体之间通过标准信息流进行联系。所有标准信息流的集合就构成了 IN 的应用程序接口协议，也就是 No. 7 信令中的 TCAP 协议。ITU-T 在 IN 能力集中给出了 9 种功能实体。图 2-3 分布功能平面中 FE 为功能实体；FEA 为功能实体动作，它是组成 FE 的小单元。FEA 通常用一些具体的小型标准子程序实现，IF 为功能实体之间的信息流。

4. 物理平面 （PP-Physical Plane）

PP 指明了 DFP 中的 FE 可以在哪些物理节点上实现。一个物理节点中可包含一个或多个 FE。ITU-T 规定，一个 FE 只能在一个物理节点中，而物理平面由多个物理节点组成。

第二节 IN 的国际标准

通信技术、网络技术以及计算机技术的飞速发展，促使 IN 强劲发展。在 20 世纪 80～90 年代，国际上逐步形成了 IN 的标准规范，同时 IN 的研究开发已步入热潮之中。相关的国际标准有两个系列，一个是目前在北美地区和国家遵循的先进智能网 （AIN） 标准，另一个是 ITU-T 所建议的智能网能力集 （INCS） 系列标准。随着 IN 的发展，INCS 标准将成为全世界公认的统一的智能网标准。

一、INCS-1 标准

ITU-T 于 1992 年 3 月首次完成并公布了智能网能力集 1 （INCS-1：IN Capability Set 1） 标准，这个标准主要是针对 A 类智能业务的，只有个别除外。所谓 A 类业务，主要是指局限于电话网中的业务。A 类智能业务的主要特点是：

（1）单户性。由一个用户启动且只影响到一个用户。

（2）单端性。控制消息不需要端到端之间传递。

（3）单承载性。业务只用一种媒体做承载。

（4）单控制点。业务控制逻辑之间不相互作用。

除 A 类业务外，还有 B 类业务，B 类业务是指除 A 类业务以外的其他智能业务。

在 INCS-1 标准中，智能网标准具体定义如下系列：

Q. 1211：智能网入门；

Q. 1212：智能网业务平面；

Q. 1213：智能网的全局功能平面；

Q. 1214：智能网的分局功能平面；

Q. 1215：智能网的物理平面；

Q. 1218：智能网的应用接口标准；

Q. 1219：智能网的用户手册。

另外 Q. 1200～Q. 1205、Q. 1208 和 Q. 1209 为智能网一般性原理系列建议。

二、INCS-2 标准

ITU-T 在 1997 年 11 月又出台了 INCS-2 标准，该标准主要涉及的是智能网的网间互联与网间业务以及能漫游的智能业务。例如，网间电话投票、网间被叫集中付费、网间大众呼叫及全球虚拟专用网等。INCS-2 系列建议标志着智能网标准化已进入了第二阶段。INCS-2 标准由 Q. 1200～Q. 1205、Q. 1208 和 Q. 1209 组成，它们分别描述了四个平面与它的应用协议。

INCS-2 与 INCS-1 相比较，主要有如下一些新增能力：

（1）不仅支持 A 类业务，且加入了对移动网络和移动业务的支持能力。

（2）增加了网络互联能力，既支持 IN 结构网之间的互联，又可支持 IN 与非 IN 结构网之间的互联。

（3）增加了直接沟通用户与业务逻辑之间的交互能力，这被称为带外用户交互能力，支持宽带业务。

（4）增加了非呼叫相关业务的处理能力。

（5）在 SP 上定义了 16 种电信业务和 64 种业务属性。

（6）在 GFF 上增加了 8 个 SIB，并提出了高水准 SIB 的概念（High Level SIB）。

（7）在 DFP 上新增了一些功能实体，并扩充和重新定义 INCS-1 中的功能实体。

三、INCS-3 标准

INCS-3 标准于 1999 年初推出，INCS-3 标准基本上沿用了 INCS-2 的体系结构，略有改动。

1. 对 INCS-2 能力的增强

与 INCS-2 标准相比，INCS-3 标准扩宽和新增了一些功能，主要表现在以下两方面：

（1）具有呼叫无关业务功能（CUSF）与业务控制功能（SCF）接口。

（2）IN 与 ISDN 互联以及增加了一些附加的基本特性。

2. IN 与 Internet 互联

IN 网与 Internet 网进行互联，扩充了功能。

3. IN 支持移动通信达到第一步目标

第一步目标具体是：

（1）加强窄带移动网上的普通业务。

（2）加强窄带移动网上通用个人通信业务（UPT）、虚拟专用网（VPN）业务、被叫集中付费（FPH）业务等。

（3）实现号码可携带业务，即当用户更换地址、更换业务网后，仍保持原号码不变。

（4）可实现虚拟归属环境的一些功能，即用户可在不同网络运营商之间漫游。

（5）支持用户接入认证、位置登记管理、位置信息管理、轮廓文件管理等移动管理。

四、INCS-4 研究的内容

1. IN 与 BISDN 的综合业务

IN 与 BISDN 的综合业务是 21 世纪 IN 发展的重点，主要目的是希望用 IN 的控制方法来实现在 BISDN 上的各种宽带业务。如宽带视频会议、宽带分配业务、宽带检索业务及宽带虚拟专用网等。

2. IN 支持移动的第二步目标

IN 支持移动的第二步目标是：

（1）加强宽带移动网上的基本业务。

（2）加强宽带移动网上的 UPT、VPN、FPH 等业务。

（3）实现虚拟归属环境的所有功能。

（4）全面支持第三代移运通信系统 IMT2000。

注：ISDN 和 BISDN 参见芮静康主编的《建筑通信系统》，中国建筑工业出版社 2006 年出版。

第三节　IN 支持的业务

理论上讲 IN 提供的业务是无限的，因为它具有智能性，可随时产生新业务。但是真正能实际开放的业务，与用户需求、业务的经济效益等多方面有关系。在一些发达国家目前开发了诸如 800 业务、通用号码业务、虚拟专用网业务、移动漫游业务等。下面简要介绍 IN 支持的业务。

一、业务与业务属性定义

业务是一种独立的商业提供，它以一种或多种核心业务属性为特点，并且能被其他的业务属性随意进行增强。业务属性是一项具体业务的一个特定方面，也是业务的核心部分，业务属性可与其他业务属性或业各联合组成新业务。

二、INCS-1 支持的业务

在 INCS-1 中，共定义了 25 种业务和 38 种业务属性，如表

2-1 和表 2-2 所示。

INCS-1 建议的 25 种业务　　　　表 2-1

序号	业务名与英文缩写	序号	业务名与英文缩写
1	缩位拨号(ABD)	14	大众呼叫(MAC)
2	记账卡呼叫(ACC)	15	发端去话筛选(OCS)
3	自动更换记账(AAB)	16	附加费率(PRU)
4	呼叫分配(CD)	17	安全审验(SEC)
5	呼叫前转(CF)	18	忙/无应答可选呼叫转移(SCF)
6	重选呼叫路由(CRD)	19	分摊计费(SPL)
7	完成对忙用户呼叫(CCBS)	20	电话投票(VOT)
8	会议呼叫(CC)	21	终端呼叫筛选(TCS)
9	信用卡呼叫(CCC)	22	通用接入号码(UAN)
10	按目的码选择路由(DCR)	23	通用个人通信(UPT)
11	跟我转移(FMD)	24	该用户的规定近路(UDR)
12	被叫集中付费(FPH)	25	虚拟专用网(VPN)
13	恶意呼叫识别(MCS)		

INCS-1 建议的 38 种业务属性　　　　表 2-2

序号	业务属性(英文缩写)	序号	业务属性(英文缩写)
1	缩位拨号(ABD)	20	用户规定振铃音(CRG)
2	话务员(ATT)	21	目的用户提醒(DUP)
3	验证(AUTC)	22	跟随转移(FMD)
4	鉴权码(AUTZ)	23	大众呼叫(MAS)
5	自动回叫(ACB)	24	会聚式会议电话(MMC)
6	呼叫分配(CD)	25	多路呼叫(MWC)
7	呼叫前转(CF)	26	网外接入(ONA)
8	遇忙/无应答时呼叫前转(CFC)	27	网外呼叫(ONC)
9	呼叫间隙(GAP)	28	单个号码(UNE)
10	具有通知的呼叫保持(CHA)	29	收发端位置选路(ODR)
11	呼叫限制(LIM)	30	呼叫筛选(OCS)
12	呼叫记录(LOG)	31	向发端用户提示(OUP)
13	呼叫排队(QUE)	32	个人号码(PN)
14	呼叫转移(TRA)	33	附加计费(PRMC)
15	呼叫等待(CW)	34	专书编号计划(PNP)
16	闭合用户群(CUG)	35	反向计费(REVC)
17	协商呼叫(COC)	36	分摊计费(SPLC)
18	用户特征文件管理(CPM)	37	呼入筛选(TCS)
19	用户规定的录音通知(CRA)	38	按时间选路(TDR)

通过表 2-1 和表 2-2 可以清楚了解 INCS-1 中的业务与业务属性，实际上 INCS-1 的重点选定在具有高商业价值的业务，重点放在灵活路由选择、计费与用户相互作用的业务上。这些业务目前在技术上已实现并且已可靠应用于实际网络。

我国根据实际情况，也颁布了在现有电话网上开放智能网业务的标准，共定义了 7 种智能业务及业务流程，这 7 种业务是：FPH、ACC、VPN、VOT、WAC（广域集户用户交换机）、UPT 及 MAS。

三、智能业务的特征属性

在各种各样的智能业务中，它们有一些共有的特征属性，这些特征属性也反映出了 IN 的"智能"所在。下面介绍常见的一些特征属性：

（1）IN 可以根据全网的负载情况对信息进行动态分配，提高网络利用率，降低通信阻塞与拥挤。

（2）可以无条件/有条件地进行呼叫转移，这一属性可完成用户在变更服务区域时进行改机不改号业务和通用号码业务。

（3）为用户提供了参与控制的可能，如现有电信网的呼出/呼入限制与管理。

（4）IN 依赖主叫号码的路由选择。

（5）IN 依赖时间路由选择。

（6）IN 可灵活地进行号码翻译，通过不同时间的路由选择实现联运。

（7）IN 对网络结构及交换设备能进行仿真。

（8）具有灵活多样的计费功能。

实际上一个业务的固有性能是由其业务属性来表征的，而业务属性又用来识别向用户提供业务的能力。业务属性之间也存在着相互影响、相互制约的关系。另外智能业务之间也常常有相互影响的情况，这些都可看成为智能业务的特征属性。

四、INCS-2 的业务

在 INCS-2 中采用了从上到下的方法定义了在业务平面 (SP) 上的业务及业务属性。业务被分成电信业务（TS）、业务管理业务（SMS）和业务创建业务（SCS）三类。用户可以通过 TS、SMS、SCS 的属性来描述这些业务。

图 2-4 画出了 INCS-2 的业务平面，不同类型的业务和它的业务属性之间存在着关联。INCS-2 建议中除继续支持 INCS-1 的全部业务和业务属性外，同时在电信业务中又提出 17 种业务和 64 种业务属性，在管理业务中主要提出了 4 种业务和 16 种相关业务属性，在业务创建业务中主要提出了 5 种业务及一些业务属性。INCS-2 支持的主要业务可归纳成表 2-3。

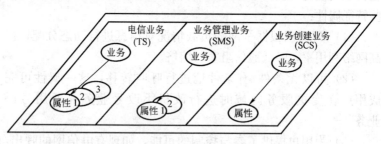

图 2-4 INCS-2 的业务平面

INCS-2 的业务   表 2-3

电信业务(TS)	业务管理业务(SMS)	业务常见业务(SCS)
网间被叫付费(IFPH)	业务客户化业务	业务规范业务
网间附加费率(IPRM)	(Service Customization Service)	(Service Specification Service)
网间大众呼叫(IMAS)	业务控制业务	业务开发业务
全球虚拟网业务(GVNS)	(Service Control Service)	(Service Development Services)
网间电话投票(IVOT)	业务监视业务	业务验证业务
国际通信计费卡(ITCC)	(Service Monitoring Service)	(Service Verification Service)
完成忙用户呼叫(CCBS)	其他管理业务	业务实施业务
会议电话(CONP)	(Other Management Services)	(Service Development Services)
呼叫保持(HOLD)		业务创建管理业务
呼叫转移(CT)		(Service Management Services)
呼叫等待(CW)		

电信业务(TS)	业务管理业务(SMS)	业务常见业务(SCS)
多媒体宽带业务(MMD) 通用个人通信(UPT) 未来公众陆地移动通信系统 (PPL'MTS) 消息存储与转发(MSF) 热线(HOT) 被叫关键码屏蔽(TKCS)		

第四节　智能网应用协议（INAP）

智能网应用协议（INAP-IN Application Protocol）是将智能网各功能实体（FE）之间的消息流用一种高层通信协议的形式加之规范而形成的一种技术约定。INAP 以开放系统互联（OSI）为基础，定义了 IN 各功能实体间的应用层接口协议、操作以及各功能实体接收信息后应遵守的操作过程。ITU-T 已定义的 INAP 有 Q1218（对应于 INCS-1）和 Q1228（对应于 INCS-2），在 Q1218 中具体定义了以下 4 种接口协议：

（1）业务交换功能到业务控制功能之间（SSF-SCF）。

（2）业务控制功能到业务数据功能之间（SCF-SDF）。

（3）业务控制功能到特殊资源功能之间（SCF-SRF）。

（4）特殊资源功能到业务交换功能之间（SRF-SSF）。

在 Q1228 中扩展了 Q1218 的内容，同时增加了 SCF-SCF、SDF-SDF、SCF-CUSF（呼叫无关业务功能）之间的通信协议。

INAP 是智能网功能实体之间的应用通信协议，它以抽象的方式描述了逻辑上传送什么数据，如何对数据进行编码等工作。INAP 采用 ITU-T 建议的抽象语句记法（ASN）作为描述工具，以"操作"为定义单位，通过调用 No.7 信令网的事务处理能力应用协议（TCAP）进行实际传输。因此，IN 中各节点之间的联系都是由 No.7 信令网为其提供通信手段的。下面在介绍 IN-

AP 操作前，首先介绍一下 No. 7 信令系统。

一、No. 7 信令系统

为了在通信网中向用户提供通信业务，在交换机之间要传送以呼叫建立与释放为主的各种控制信号，通常把以呼叫控制为主的网络协议称为信令。早期使用的局间信令都是信令信息与通话信息合在一道进行传送的，现在都使用公共信道信令，即全部信令通过专用信令信道传输。

No. 7 信令是局间公共信道信令，它以一定形式的数据结构来表示通信网的各种接线控制、监视、维护与管理等信息，被称之为消息。在通信时，信令系统把相关的消息通过专用信令信道从一个节点送到另一个节点。信令的路由选择可以与通话路由一致，也可以与通话路由不一致。消息本身带有路由标记，注明了消息的来去方位。

1. No. 7 信令网的结构

信令网由信令点（SP-Signalling Point）和信令链路组成。信令点包括交换局、操作维护管理中心、业务控制点、信令转换点等。信令点的标识一般通过信令点编码来识别。我国规定信令点编码统一为 24 信令编码方式。

信令点之间的联系方式有对应方式和准对应方式两种。所谓对应方式，是指两个信令点之间既有信令关系又有信令链路的一种方式；而准对应方式是指两信令点之间无信令链路的方式。通常把为其他两个信令点之间进行完成信令转接功能的信令点常称为信令转接点（STP）。信令点的连接方式如图 2-5 所示。

由于信令网控制着整个通信网的运行，所以信令网的安全可靠至关重要。通常要求每一个 SP 应至少能连到两个 STP，每个信令链路组应至少具有两条信令链路，如图 2-5（a）所示。

2. No. 7 信令系统的结构

信令信道与通话信道相分离，就形成了一个独立的信令网。No. 7 信令系统具备较强的网路管理功能，它采用 OSI 数据转换

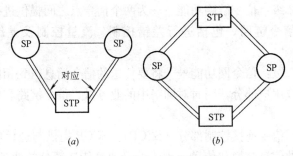

图 2-5　信令点的连接示意图

的分层设计法，其结构如图 2-6 所示。图中相对应于 OSI 参考模型前三层为消息传递部分（MTP）和信令连接控制部分（SCCP），通称为网络业务部分（NSP）。这部分主要功能是保证信令网的正常运行，它与通信网的控制运行信息内容没有直接关系。

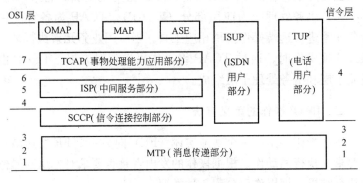

图 2-6　No. 7 信令系统的结构

下面简要介绍 No. 7 信令系统的各个组成部分。

（1）消息传递部分（MTP）。该部分的主要功能是在信令网中提供可靠的信令信息的传递与收发，并能在网络故障情况下，对信令传递做出响应并采用必要的措施。MTP 由三级组成：

第 1 级：信令数据链路功能——为信令的双向传输而提供的通路；

第2级：信令链路功能——为两个信令点之间提供进行可靠传输的信令链路，包括进行差错控制、流量控制及差错率监控等；

第3级：信令网功能——将要传送的信令消息送到相应的信令链路或用户部分，同时对网络中的业务量、信令链路和路由进行管理。

（2）信令连接控制部分（SCCP）。SCCP提供与通信电路无关的各种信息交换和传送，用于加强消息传递部分的业务功能。有了SCCP，就可在任意信令点之间传送各种信令信息和数据（呼叫控制信令除外），并根据数据转移类型的不同进行独立的数据传送，建立逻辑连接、顺序控制与流量控制等。

（3）电话用户部分（TUF）和ISDN用户部分（ISUP）。TUP是支持电话业务，控制电话网的接续和运行；ISUP既支持电话业务，也支持非电话业务、ISDN业务和IN业务的附加功能。

（4）事务处理能力应用部分（TCAP）。TCAP为各种应用业务元素进行远端操作提供相应工具。当应用业务元素执行某一项或几项操作时，通过TCAP将操作码送到对方局。TCAP由组元子层和事务处理子层组成。

二、INAP操作的定义方法

所谓操作，是指一个功能实体（FE）向另一个FE发送消息时要求其执行的动作。根据操作的发出者是否要求对方返回操作的执行结果，把操作可分为4种类型：

（1）只报告失败的操作类型。

（2）只报告成功的操作类型。

（3）既报告成功也报告失败的操作类型。

（4）既不报告成功也不报告失败的操作类型。

操作也包含有一些参数（参数可分为必选和可选两类），一个操作通常按一定的形式描述，并按一定的顺序（类似高级语言编程）排列而成。

国际电联在 INCS-1 中定义的操作如下：

（1）在 SCF-SSF 之间定义了业务激活、信息分析、计费申请、信息呼叫请求等 51 种操作。

（2）在 SCF-SRF 之间定义了辅助请求指令操作、取消操作、播送通知操作、提示并收集用户信息操作、专用资源报告操作共5种。

（3）在 SCF-SDF 之间定义了连接、解除连接、搜索、增加登记记录、删除登记项和登录项共 6 种操作。

关于操作的实现限于篇幅，这里不展开讨论。

第五节　IN 与移动网的综合

随着第二代移动通信系统（如 GSM、CDMA、DCS1800等）于 20 世纪 90 年代初在全球范围内的建立与使用，移动通信已与广大民众息息相关，人们对移动通信系统的要求也越来越高，在移动网中提供智能业务的要求也越来越更加迫切，于是 ITU-T 已意识到移动通信系统对电信业所产生的巨大影响。因此，在 INCS-2 中明显加强了移动性的标准化内容，提出了 10个有关人移动性业务属性和 9 个终端移动性业务属性，并在 Q.1224 的附录中提出了与无线接入有关的分布功能平面和功能实体间的信息流形式。

从 90 年代初开始，关于移动网与 IN 的综合一直是世界各国研究的热点之一，研究人员提出了许多基于现有移动网和 IN 结构的综合网络结构，例如在目前第三代数字移动通信系统（IMT2000）中，一个重要特征就是 IN 技术在移动网中的应用，提出了移动智能网概念。移动智能网是一种用来在移动网中快速、有效、经济和方便地生成和提供新业务的网络体系结构。

一、IN 与移动网综合的基本原理

在移动网中提供 IN 业务的最简便方法是将移动网作为一个

接入网，这样就可将 IN 业务呼叫汇接到固定网的业务交换点上。这种方法的优点是能够迅速满足部分 IN 业务要求；缺点是由于目前局间接续信令的限制和固定网的业务交换点不具备移动网中的诸多特点，因此这种方法可提供的 IN 业务非常有限，且附加了很多限制，不能很好地满足用户需求。

另一个可行的途径是：首先把 IN 网与移动网互联，将现有的第二代移动通信系统的移动交换中心升级为移动业务交换点，而移动网中的其他实体保持不变；第二步是将移动网中的数据库 VLR、HLR 与 IN 中的数据库 SDF 综合，为 SCF 提供统一的用户信息；第三步实现移动智能网的完整形式（第三代移动通信系统）。实际上移动网与智能网的互联，是移动技术发展的关键，欧洲电信标准化组织（ETSI）提出的 CAMEI 方案是这一领域的主流方案。移动网与 IN 互连的原理如图 2-7 所示。

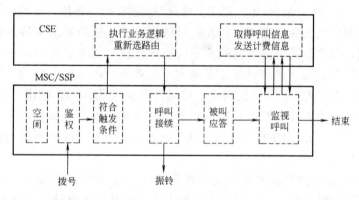

图 2-7　IN 移动网互联的原理

在 IN 中，由 SCF、SDF 等组成的客户化业务执行环境（CSE）负责业务逻辑的执行。MSC/SSP 是将现有的移动通信交换网的移动业务交换中心（MSC）升级为移动业务交换点，MSC/SSP 是处理呼叫的交换平台。在用户呼叫时，MSC/SSP 先对用户进行鉴权，然后判断用户的呼叫是否满足触发智能呼叫的条件。若满足，则呼叫上报 CSE，CSE 收到上报的呼叫信息后开始执行相关业务逻辑，同时控制交换平台对呼叫的接续。呼叫接通后，CSE 继续监视并控制呼叫，收集呼叫信息且传送计费信息。

由于目前交换机种类较多，制式也不尽相同。有 GSM 交换机、CDMA 交换机、PDC 交换机等，为此，需要采用一种与交换平台无关的移动交换机，并升级为移动业务交换点，这种方案的一种解决办法是让移动业务交换点具有相同的协议栈，这样它们就能够以一种统一的方式与 SCP 交互，完成智能业务的呼叫控制。

移动业务交换点的协议栈如图 2-8 所示。这个协议栈是在 MSC 协议栈基础上增加 INAP 协议单元而成的。为了便于对照理解，在图 2-8 下方列出了图中缩写字母的中文意思。

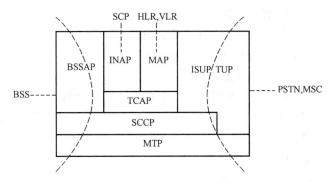

图 2-8　移动业务交换点协议栈

BSS：基站系统；SCCP：信号连接控制部分；
BSSAP：基站系统应用部分；MTP：信息传递部分；
INAP：智能网应用协议；SCP：业务控制点；
MAP：移动应用部分；HLR：归属位置寄存器；
ISUP：ISDN 用户部分；VLR：访问位置寄存器；
TUP：电话用户部分；PSTN：公共交换电话网；
TCAP：事务处理能力应用部分；MSC：移动业务交换中心

二、CAMEL 介绍

为了解决 GSM 移动通信网与 IN 互联的实际问题，ETSI 在

1997 年推出了 CAMEL 建议，CAMEL（Customized Application for Mobile Network Enhanced）中文意为"移动网络增强型逻辑的客户化应用"。在 GSM 中引进 CAMEL，营运者就可以建立一个 IN 平台，定义和实施新的通信业务，并不需要对每项业务进行标准化，就可建立自己独特的新业务，在满足用户实现国际漫游的同时，还可享受与归属网络同样的服务。目前 CAMEL 建议已发展到了第二阶段（CAMEL2）。

CAMEL1 支持的属性有：

（1）进行移动发起与前转呼叫。

（2）进行移动中止的呼叫。

（3）进行随时查询。

（4）处理交费信息。

（5）进行录音通知和带内信息交流。

（6）消除录音通知。

（7）进行补充业务通知。

在 GSM 上实现智能业务，需要增加相应网络实体和接口信令，它就是要对 GSM 网进行升级。下面对 CAMEL 网络结构、协议加以介绍。

1. CAMEL 网络结构

为便于比较，分别用图 2-9 和图 2-10 画出了 CAMEL 第一阶段（CAMEL1）和第二阶段（CAMEL2）的网络功能结构。图中的功能实体既有 GSM 交换网原有实体，也有由 CAMEL 业务而引入的 IN 实体。实体之可既有原有通信协议，又有新增的一些新协议。

在图 2-9 和图 2-10 中，GSM 原有的实体是：

（1）归属位置寄存器 HLR。

（2）拜访位置寄存器 VLR。

（3）移动交换中心 MSC。

（4）网关移动交换中心 GMSC。

新增的 IN 功能实体有：

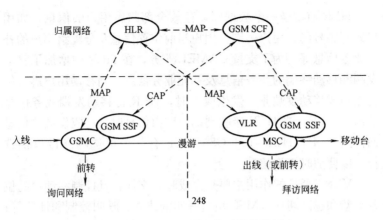

图 2-9　CAMEL1 的网络功能结构图

HLR：归属位置寄存器；MSC：移动交换中心；SSF：业务交换功能；
VLR：访问位置寄存器；MAP：移动应用部分；SCF：业务控制功能；
GSMC：入口移动交换机；CAP：CAMEL 应用部分

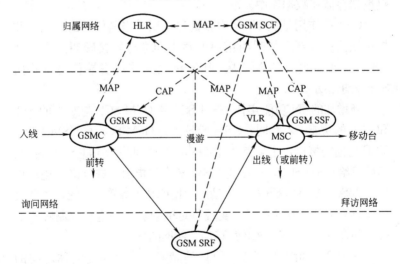

图 2-10　CAMEL2 的网络功能结构图

（1）GSM 业务交换功能（GSM SSF）。

（2）GSM 业务控制功能（GSM SCF）。

（3）GSM 专用资源功能（GSM SRF）。

HLR 通常是一个数据库，存放全部归属用户的信息，如用户的有关号码、用户类别、用户当前位置信息及分配给用户的补充业务信息等。为了支持 CAMEL 业务，在 HLR 中增加了移动发端和移动终端的业务信息及补充业务信息。当移动用户进行位置更新或移动发端业务发生改变时，HLR 将移动发端业务信息发送给 VLR；当 HLR 接收到询问路由信息时，将收发端的信息回传给 VLR；HLR 还和 GSM SCF 有一个可选网络接口供选择，以便随时查询信息。

VLR/MSC 的作用主要是完成呼叫交换，且控制移动台的位置更新和越区切换。MSC 负责呼叫的建立、呼叫控制和计费等；而 VLR 负责存储和更新用户数据。为了支持 CAMEL 业务，VLR 要增加存储 CAMEL 的用户信息，当用户漫游到某个 VLR 区域时，该 VLR 将移动发端的信息和其他补充信息作为部分用户数据存储在数据库中。

GSMC 作用是从 HLR 中查询移动用户当前位置的信息，并根据该信息重新选择呼叫用户的路由和进行转接呼叫。当处理 CAMEL 业务时，GSMC 从 HLR 接收到移动发端信息，并向 SSF 请求指示。

新增加的 IN 功能实体 GSM SSF 和 GSM SCF 与对应的 SSF 和 SCF 的功能基本相同。GSM SSF 作为 GSM SCF 与 GSM MSC/VLR 之间的接口，主要负责把 GSMC 的呼叫状态信息进行转化，然后发给 GSM SCF，也接受 GSM SCF 的指示，进行格式化后再传给 MSC。GSM SCF 是一个动态数据库和事务管理单元，主要负责执行 CAMEL 业务逻辑，实现特定的业务，并进行控制呼叫的接续和计费等。GSM SCF 是移动智能网的核心。

在图 2-9 和图 2-10 中，可以清楚看出，各功能实体之间的通信协议有 CAP（CAMEL 应用部分）和 MAP（移动应用部分）。CAMEL 功能结构的最大不足是没有专用资源功能 SRF，因此在采用 CAMEL1 实现一些 IN 业务时，系统与用户之间几乎没有语音交互，这样要实现好的交互性，就不得不增加专用交互语音资源（IVR）设备，另外，CAMEL 在 GSM 补充业务与 CAMEL 业务之间的交互方面也存在一些问题。

CAMEL2 明显比 CAMEL1 增加了一些实体和实体之间的接口，且通信协议的能力也有所增强。

2. CAMEL 协议

1）CAP 协议。CAMEL 应用部分（CAP）主要应用在 GSM SCF 与 GSM SRF 之间和 GSM SSF 与 GSM SCF 之间，CAP 是基于 ETSI 的 INAP 制定的。在 CAMEL1 中 CAP 协议的操作共有 7 条，而在 CAMEL2 中的 CAP 协议的操作，在 CAMEL1 的 7 条基础上又新增了 15 条。

2）MAP 协议。GSM 移动智能网中采用的 MAP 协议，主要用在 HLR-GSMC、HLB-VLR/MSC 和 GSM SCF-MSC 之间。目前在移动网中使用的是 MAP Phase 2 协议，它是 MAP 协议的升级，功能更强。

3. CAMEL 业务

应该讲，在 IN 中的业务都应能在 CAMEL 业务中实现，但根据移动网的特殊性，适合开放的业务主要有下列 7 种：

（1）预付费业务。

（2）移动虚拟专用网业务。

（3）通用接入号码业务。

（4）先进的选路业务。

（5）基于位置的业务。

（6）使用限制业务。

（7）屏蔽业务。

上面这 7 种业务中，前 3 项业务最具有市场需求与应用前景。

4. 我国的 CAMEL 产品

我国目前已经研制出了 CAMEL 产品，如北京邮电大学国家重点实验室研制的 CIN02M 系统，该系统已成功实现了 CAMEL2 标准。

三、CAMEL 应用系统介绍

1. 爱立信 NI 系统

爱立信公司在 IN 的基础上，提出了网络智能 NI（Network Intelligence）概念，以适应市场的发展和对智能业务的要求。NI 既可以在移动网中提供智能业务，也可在固定网内提供智能业务。图 2-11 给出了爱立信 NI 系统的组成图。

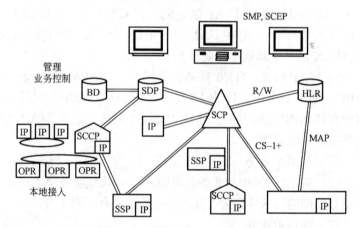

图 2-11　爱立信 NI 系统组成图

NI 系统能提供的智能业务有：发端呼叫筛选业务、终端呼叫筛选业务、个人号码业务、移动虚拟专用网业务（MVPN）以及与位置相关的业务等。

NI 系统提出了三种在移动网上进行智能业务的方案结构：

（1）集中的 MSSF 和 MSCP。

（2）分布的 MSSP 节点。

（3）采用 M33P 节点。

2. 美国无线智能网建议的功能模型

美国无线智能网（WIN）研究组织提出了如图 2-12 所示的功能模型。WIN 与 INCS-1 相比新增了五个功能实体：位置登记功能（LRF）、鉴权控制功能（ACF）、无线接入控制功能（RACF）、无

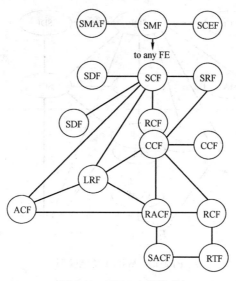

图 2-12　WIN 功能模型

ACF：鉴权控制功能；SCF：业务控制功能；CCF：呼叫控制功能；
SDF：业务数据功能；LRF：位置登记功能；SRF：特殊资源功能；
RACF：无线接入控制功能；SMF：业务管理功能；RCF：无线控制功能；
SCEF：业务生成环境功能；RTF：无线终端功能；SMAF：业务管理接入功能

线控制功能（RCF）及无线终端功能（RTF）实体。

3. 摩托罗拉 WINA 功能模型

MOTOROLA 公司通过对 INCS-1 体系的扩充，推出了无线智能网结构（WINA），如图 2-13 所示。WINA 增加了三个功能实体：RACF、RCF 和数据业务功能（DSF）。

四、IN 与第三代移动通信系统

第三代移动通信系统是世界关注的重点，欧洲 ETSI 称第三代移动通信为 UMTS（Universal Mobile Telecommunication System），而 ITU 则称第三代移动通信为 IMT2000。UMTS 和 IMT2000 的最终目标都是一致的，就是真正实现 IN 与移动网的综合。但是如何发展到第三代移动通信，目前尚没有一个统一标准。

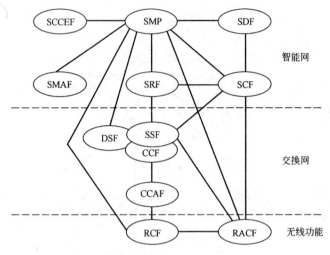

图 2-13　WINA 功能模型

1. 第三代移动通信系统中的发展策略

为了在未来的 IN 结构中支持移动通信业务，欧洲各大电信公司组成研究组织共同制订其发展策略，计划中形成了 5 种策略。

（1）智能网＋CTM 的策略：

这是基于 DECT/CT2 无线接入技术和 IN 实现的无绳端移动（CTM）业务。其具体步骤是：

第一步：基于 INCS-1 结构实现 CTMI 阶段 1 业务。

第二步：基于 INCS-2 结构实现 CTM2 阶段 2 业务。

第三步：采用 UMTS 网络结构支持大部分 UMTS 的业务，与宽带用户接口进行连接。

第四步：采用定义的 UMTS 功能模型。

（2）基于 GSM 的发展策略：

这种策略对 GSM 网络商很有好处。它包括两个方面研究：一是从 GSM/DECT 无线接入过渡到 UMTS 接入，二是用 IN 实现 GSM 的管理和业务控制功能。

（3）基于有线网络的策略：

这是在现有 CATV 网络上进行逐步发展和改造，最终能为各种移动终端提供宽带业务。

（4）基于卫星网络的策略：

这是把卫星网作为地区系统的补充。在 GSM 系统中集成卫星系统，在卫星接入网中引入 IN 功能。

（5）基于 UMTS 网络的策略：

这种策略的初衷是，在绝大部分地域仅提供基本业务，在有限地域提供高级 IN 业务。

2. UMTS

UMTS 是在欧洲致力发展的第三代移动通信系统，其目标是综合现有的各种移动网，提供一个在移动网和固定网上都可使用的统一接口，为用户提供广泛的业务。UMTS 的网络构成如图 2-14 所示。可以看出，MT、BTS 和 CSS 组成无线接入系统，提供无线接入功能，主要包括空中接口、BISDN 用户网络接口和 IN 接口。LE 组成 BISDN 核心网络，提供基本的传输功能和交换功能。MSCP 与 MSDP 组成移动控制部分，提供移动业务，并对业务实施过程进行控制。

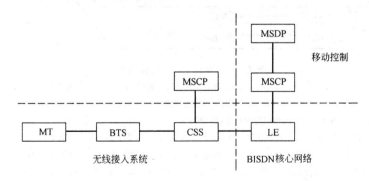

图 2-14　UMTS 网络构成图

BTS：基本传输站；LE：本地交换系统；MSDP：移动业务数字部分；
MT：移动总终端；MSCP：移动业务控制部分；CSS：蜂窝位置交换

在图 2-14 中，交换与控制相分离，这种构思相似于 IN。交换和传输由 LE 完成，而提供业务与控制则由移动控制功能实现。业务逻辑在 MSCP 中存放，从而形成了一个灵活的提供或删除业务机制，这样就可支持如越区切换、呼叫鉴权、位置登记等多项移动业务及 IN 业务。

3. IMT2000

IMT2000 是国际电联建议的第三代数字移动通信系统，其目标与 UMTS 相一致。IMT2000 由核心网络、控制网络和接入网络组成。IMT2000 的功能模型如图 2-15 所示，由无线资源控制（RRC）平面和通信控制（CC）平面组成。RRC 平面负责分配和监视无线资源，代表无线接入系统完成的功能；CC 平面负责整体接入、业务呼叫、载体和连接控制。

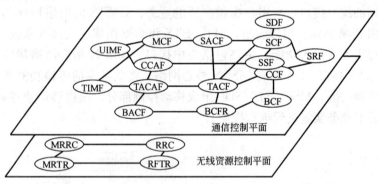

图 2-15　IMT2000 功能模型图

MRRC：移动无线资源控制；MCF：移动控制功能；MRTR：移动无线频率发射和接收；
SACF：业务访问控制功能；RRC：无线资源控制；TACF：终端访问控制功能；
RFTR：无线频率发射和接收；BCFR：承载控制功能（与无线有关）；
UIMF：用户身份管理功能；BCF：承载控制功能；TIMF：终端身份管理功能；
CCF：呼叫控制功能；TACAF：终端接入控制代理功能；SSF：业务交换功能；
BACF：承载控制代理功能；SCF：业务控制功能；CCAF：增强呼叫控制代理功能；
SDF：业务数据功能；SRF：专用资源功能

由图 2-15 可见，无线资源控制平面共包括了 RRC、MRRC、RFTR 和 MRTR 4 个功能实体，而通信控制平面中共包括了 SDF、SCF、SSF、CCF、SRF、SACF、TACF、BCF、BCFR、CCAF、TACAF、BACF、UIMF 和 TIMF 15 个功能实体。

IMT2000 与现有智能网有很大的不同，为了实现 IN 与移动网的综合，必须对现有 IN 作一些改动或加强其功能。IN 不仅负责业务的执行、加载与运行，还要具有位置管理、移动管理等方面的移动业务能力。实质上智能网中的 SCF 改动最大。

目前研究 IN 与 Internet 互联的主要思路有两类：一是借助 Internet 技术来增强现有的 IN 环境；二是利用 IN 原理来增强 Internet 环境，把 Internet 作为传输网络使用。这两方面都有强大的世界性研究机构进行研究，并形成了一些相关标准与建议。

第六节　IN 与 Internet 互联

Internet 技术的飞速发展使 Internet 已经涉及了传统电信领域的业务，并已对传统电信业产生了巨大冲击。如 IP 电话以其低廉的价格占领了部分长途电传市场。Internet 的用户终端比传统的电话机功能强大得多，用户对终端潜在的使用控制能力也非常大，可能会产生更多更新的业务。这也是人们提出希望将 Internet 与电信业务综合的原因之一。

电信网与 Internet 的综合，极大地方便了用户的使用，使得一些用户能用电话机访问部分 Internet 提供的服务，也使得一些 Internet 用户能用强大的终端使用许多电信业务。这就促进了 IN 与 Internet 之间的联合。而 IN 和 Internet 之间的联合的关键还是电信网与 Internet 的综合。

IN 与 Internet 互联，可以充分利用 IN 的业务生成和控制能力，对当前传统电信业和 Internet 业务提供许多新业务，并带来了一揽子的解决方案，以低廉的成本为 Internet 用户提供电信网上的业务支持，也为电信业带来了新的商机。

一、IN 与 Internet 互联支持的业务

1. Internet 电话业务

（1）Internet 用户利用 IP 电话与 GSTN（传统电信网）用

户进行语音通信业务。

（2）GSTN 用户呼叫 Internet 用户时利用 IP 电话接收来话业务。

（3）两个 GSTN 用户之间利用 Internet 作中继网进行通信。

（4）两个 Internet 用户之间利用 IP 电话，将 GSTN 作为中继网，进行语音通信。

2. Internet 上的 PSTN 业务

Internet 上的 PSTN（公共交换电话网）业务是指 Internet 用户以某种方式，如通过在浏览 Web 主页时点击主页上的一个按钮，或作超级连接时激活了 PSTN 业务，或在拨号上网时享用 PSTN 业务。目前主要有请求呼叫业务、请求传真业务、请求播放内容业务、呼叫等待业务等。

3. Internet 上的 IN 业务

这类业务是指用户通过 IP 电话进行传统的 IN 呼叫业务。

4. IN 管理业务中的增强业务

这类业务主要是指对 IN 管理业务中增强其功能的业务，体现在通过 Internet 进行用户数据的客户化管理及业务管理中 Web 支持等业务。

5. 统一信息业务

将 IN 与 Internet 的电话业务信息统一起来。

二、PINT 系统的互联方案

PINT（PSTN Internet Interworking）是研究 IN 与 Internet 互联的世界性组织 IETF（Internet 工作任务组）的一个工作小组，主要任务是研究通过 Internet 访问、控制和增强 PSTN 业务。该工作组于 1997 年成立，提出的互联方案如图 2-16 所示。PINT 系统由 PINT 客户机、PINT 服务器、PINT 网关及执行系统组成。

图 2-16 中，PINT 客户机是对某个 PINT 业务请求的发出者，是会话初始化协议（SIP）用户代理者，PINT 服务器可以

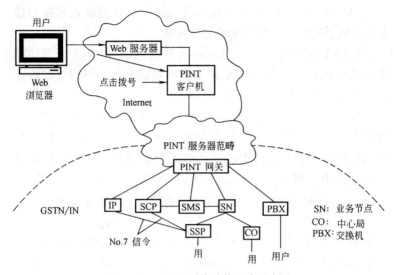

图 2-16　PINT 系统功能组成示意图

是 SIP 代理服务器、SIP 重定向服务器或 SIP 注册服务器中的任意一种；PINT 网关是在 Internet 和 GSTN 之间完成传送请求与消息响应的服务器，它可与电话网络直接接口，也可通过具体协议连接到一个执行系统；执行系统包括智能外设（IP）、业务控制点（SCP）、业务节点（SN）及交换机（PBX）。

三、ITU-T 讨论的互联方案

ITU-T 在 INCS-2 中提出过 IP/Internet 互联方案。该方案主要思路是把 IN 通过新增的互联代理功能（IAF-Interworking Agent Function）实现与 Internet 互联。IAF 主要功能如下：

（1）接收 SCF 指令，并将其转换为 HTML 格式发给 Internet 用户。

（2）接收通过 HTTP 协议发来的用户请求，并转换成 SCP 的指令。

（3）从 Web 服务器接收命令并转换成 SCF 指令。

（4）维护 IN 用户接入 Internet 时的连接逻辑关系。

IAF 在 IN 与非 IN 之间提供网络协议、数据格式和控制信令的适配及转换，整体功能相当于网关。

ITU-T 确定的支持 IN/Internet 互联的增强型 IN 分布功能平面结构如图 2-17 所示。互联关系分别定义在业务管理层、业务控制层和传输层（呼叫/承载层）上。

在图 2-17 中，三个功能层都有一个用于互联的网关实体，管理网关（MGF）、业务控制网关（SCGF）和呼叫承载网关（C/BGF），它们是实现 IN/Internet 互联的主体。用户如果对新业务有需求，可通过 Internet 终端的业务定义软件进行描述，通过一定鉴权验证后，定义的新业务由 MGF 加载到 IN 的 SMF 上去，SMF 再通过 IN 信息流把业务加载到 SCF 上，若加载成功，则 SMF 通过网关将消息告诉用户；若加载不成功，也通知用户失败的原因。当加载成功后，SCF 就开始准备执行用户的业务。

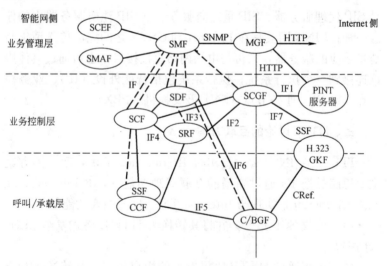

图 2-17　ITU-T 的互联功能结构

在图 2-17 中的每个功能实体之间的接口协议及消息流说明如下：

IF1 是 PINT 服务器与 SCGF 之间的接口，传递 IN 到 Internet 两侧的双向请求，并完成 INAP 与 PINT 协议的转换，具体可采用 PINT 协议。

IF2 是 SCGF 与 SRF 间的接口，用于从 IP 网向 IN 侧传递目标业务数据；传输协议是 TCP/IP 协议族上的一个专用协议。

IF3 是 SCGF 与 SCF 间的接口，反映与 IF1 相关的需求。其具体可用 INAP 协议。

IF4 是 SCF 与 SRF 间的接口，采用增强型 INAP 标准。

IF5 是 CCF 与 C/BGF 间的接口，用于承载连接建立信令，可采用 ISUP。

IF7 是 SCGF 与 SSF 间的接口，用于触发和控制从 Internet 侧的 H.323GKF 发出的增值业务。它常用现有的 INAP 协议。

HTTP 协议：主要用于 IP 侧的管理终端与 MGF 间的接口。

SNMP 协议：用于 MGF 与 SMF 之间的协议。

四、Web IN 互联方案

通过前面介绍的两个 IN/Internet 互联方案可以看出，在业务控制层上它们是基于 Web 触发的，即利用智能网的业务控制能力建立承载连接，从 Internet 侧直接激活业务逻辑。在 Web IN 互联方案中，业务控制逻辑和数据都放在 Internet 侧，业务控制点甚至业务交换点需要访问具有业务逻辑功能的 Web 服务器来激活业务逻辑。

如何利用 Web IN 方案具体实现一个电话呼叫业务呢？图 2-18 画出了一个示意性过程图。其过程大致如下：

（1）主叫方拨号发起业务呼叫，通过公用交换电话网（PSTN）到业务交换点（SSP）。

（2）由 SSP 通过 SCP（业务控制点）查询并激活 Web 服务器中的相关业务逻辑。

（3）Web 服务器根据送来的电话号码翻译成用户实际的号码送回到 SCP。

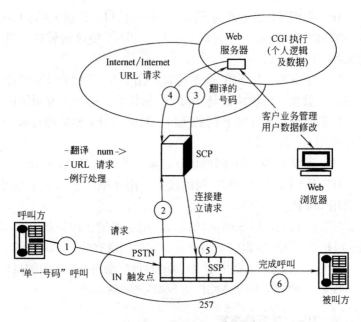

图 2-18　Web IN 实现一次电话呼叫过程

（4）SCP 由实际号码控制 SSP 完成到被叫的路由选择。

（5）由 SSP 发出信息，接通两方电话。

这个方案的一个显著优点是允许用户在 Internet 侧进行制作与业务修改。

第七节　宽带智能网

IN 可以与 Internet 综合，也可以与移动网综合，人们自然会想起 IN 与发展迅猛的宽带综合业务数字网（BISDN）的综合，这就是宽带智能网。宽带智能网的目标是寻求能提供多媒体业务及新宽带业务的一种统一的体系结构，为目前已有的所有多媒体业务和未来可能会新出现的多媒体业务提供共同的基础结构。国际上从 20 世纪 90 年代初就准备研究 IN 与 BISDN 综合的课题，也提出了 INCS-4 等一系列建议。

一、宽带智能网的主要特点

宽带智能网概括起来具有以下主要特点：

（1）使呼叫控制与承载控制相分离。

（2）业务有关的控制功能同业务无关的控制功能分离。

（3）业务控制功能与网络资源管理功能分离，宽带 IN 要求在同一平面上实现多媒体业务，而不是为每一种业务分配一套专用设备。

（4）提供真正的多点连接的宽带多媒体业务。

二、宽带 IN 中研究的主要技术

宽带 IN 中研究的主要技术包括：

（1）确定宽带 IN 的体系结构，使 BISDN 与 IN 功能有机地结合在一起。

（2）建立宽带 IN 的全部功能实体结构，特别是 BSCP（宽带 SCP）和 BSSP（宽带 SSP）。

（3）建立宽带 IN 中的信令系统。

（4）提供宽带智能业务中必需的专用资源及这些专用资源与宽带 IN 中功能实体间的信令。

（5）流量控制功能。

（6）具有多点控制能力，在宽带 IN 中允许多个业务逻辑同时作用于一个呼叫。

（7）宽带 IN 网与其他网络互联技术。

（8）安全问题。

三、VOD 业务的实现

视频点播（VOD）业务是一种交互式的多媒体业务，用户通过它可以随时看到自己所需的节目，并可直接控制节目的播放、暂停、慢快放等。VOD 业务面向家庭及娱乐场所，受到广泛关注，并得到了快速的发展。在宽带 IN 上实现 VOD 业务，正好适应了 VOD 业务需要频带宽的特点，能够把尽可能多的 VOD 系统统一管理起来。

在宽带 IN 中，宽带专用资源功能（BSRF）可以根据用户的具体需求进行检索，提供合理的 VOD 服务器地址，将用户与该地址连接起来。这种实现方案的好处是用户只需提出具体观看的内容，而不必知道实际在哪个 VOD 服务器上完成。另外在宽带 IN 上实现 VOD 业务，它的信息流不受 BISDN 采用的不同信令的影响，非常灵活方便。

基于宽带 IN 实现 VOD 业务的模型如图 2-19 所示。

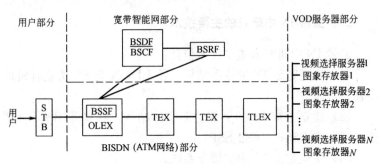

图 2-19　VOD 业务模型

该模型的基本工作过程是：

（1）用户通过机顶盒（STB）申请 VOD 业务。

（2）发端 ATM 交换机收到申请 VOD 业务的智能请求，通过宽带业务交换功能（BSSF）触发智能业务，建立用户到宽带专用资源功能（BSRF）的交互。BSRF 为用户提供可选节目菜单，用户根据需要选择内容，BSRF 同时将用户需求转换为 VOD 服务器地址码，并传送给 BSSF。

（3）BSRF 同时通知 BSCF 开始计费。

（4）BISDN 根据 VOD 服务器地址码，将用户与具体 VOD 服务器的视频选择服务器连通，用户通过视频服务器选择具体节目内容及相关操作控制。

（5）建立用户到图像服务器之间的宽带连接，用户获取节目。

（6）当用户停止 VOD 业务后，发端 ATM 交换机通过 BSSF 向 VSCR 上报有关计费信息。

图 2-19 中，OLEX 和 TLEX 分别是发端和收端 ATM 交换机，TEX 是负责传输与交换的 ATM 交换机，它们是 BISDN 的主体。

在宽带 IN 中可实现多种宽带智能业务，如多媒体电视会议（Add-on 型会议电视、Meeting-me 型会议电视）等，限于篇幅这里不再介绍。

四、宽带智能网的参考体系结构

ITU-T 确定的宽带智能网参考体系结构如图 2-20 所示，图中示出了 IN 和 BISDN 中的主要物理实体和功能实体以及它们之间的信令关系。下面介绍宽带 IN 体系结构中的主要功能实体。

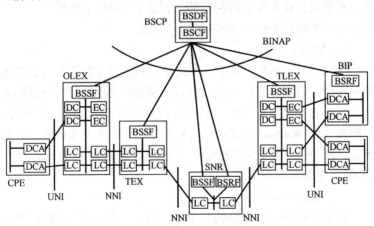

图 2-20　宽带 IN 的参考体系结构

BSCF：宽带业务控制功能；UNI：网络 1；TEX：传输交换机；
BSDF：宽带业务数据功能；BSSF：宽带业务控制功能；SNR：特殊网络资源；
DCA：终端控制代理；DC：终结控制；BSRF：宽带专用资源功能；
NNI：网络 2；EC：边控制；BIP：宽带智能外设；
CPE：用户驻地设备；LC：连接控制

1. 连接控制

LC 的功能是控制相邻两个交换点之间的宽带承载交换，它的具体操作都是在边控制（EC）和终端控制（DC）的管理之下进行的。在终端设备中的 LCA 主要为 LC 发送建立宽带承载连接的请求，也接收来自 LC 的释放宽带承载连接的请求。LC 可直接与 BSSF 交互进行激活智能业务。

2. 终端控制（DC）

DC 实体位于 OLEX 和 TLEX 中，负责建立和释放呼叫过程中端到端的呼叫连接，同时也控制和管理终端设备接入侧的 LC 实体。该实体只管理交换机与终端设备间的接口及交互操作。在终端设备中 DCA 负责接收来自 DC 实体的请求，或向 DC 实体发送请求。在该结构中，DC 主要负责完成在 INCS-1 和 INCS-2 中的 CCF 的功能。虽然 BSSF 可以直接与 LC 进行交互，但它们之间的任何操作都要通知 DC。值得注意的是：承载连接从属于某一宽带综合业务数字网的呼叫，因此，BSSF 不能建立独立于任何宽带中和业务数字网呼叫的 LC 连接。

3. 边控制（EC）

EC 实体在 OLEX 和 TLEX 之中，负责建立和控制端到端的呼叫连接，但侧重于源交换机到目的交换机之间的呼叫连接的建立、控制和管理，同时也控制和管理网络的 LC 实体。EC 能执行预视（Look-ahead）过程，以便能检测到终端交换机和用户的状态。同 DC 一样，EC 也能与 ESSF 进行直接的交互，通过 BSSF 上报智能业务请求。

4. 智能网的功能实体

宽带智能网的参考结构是基于 INCS-1 和 INCS-2 建议而提出的，其功能实体沿用了 IN 功能实体的基本功能。为了适合宽带环境，作了相应的方案改进。下面介绍 5 个方面的功能实体。

（1）宽带呼叫控制功能（BCCF）。在智能网与宽带综合业务数字网综合的体系结构中，CCAF（Call Control Agent Function）和 CCF（Call Control Function）功能实体被宽带综合业务数字网中的 DCA、DC、LCA、LC 实体取代，统称为宽带呼叫控制功能（BCCF）。DCA 和 DC 完成了呼叫过程中的控制和管理，而承载连接的建立和释放由 LCA 和 LC 完成。DC 和 LC 实体必须具有通过 BSSF 激活智能网业务的能力。

（2）宽带业务交换功能（BSSF）。为了适应智能业务的宽带环境，对目前 IN 中的 SSF 应加以扩展，使其能从 BISDN 的 DC 或 EC 中接收到需要智能网控制的呼叫请求，扩展后的 SSF 称为宽带业务交换功能（BSSF）。与 BSSF 相连的 DC 或 EC 必须具有触发 BSSF 的机制，以便 BSSF 能接收到智能网业务的呼叫请求。例如，在 VOD 业务中，当机顶盒（STB）加电后，它应能拨通 VOD 业务接入码，并激活处理智能网呼叫的进程，这一过程完全与 INCS-1 和 INCS-2 相似。在宽带环境中，应能提供一种统一的呼叫模型和触发机制，以便适合于不同宽带业务的需要。在智能网呼叫中，宽带承载交换必须在 BSCF 控制下进行，如果 SSF 和 LC 实体之间接口合适，则智能网可以控制 LC 进行交换。对目前的 SSF 作了上述扩展和改进后，才能达到 BSSF。

（3）宽带业务控制功能（BSCF）。BSCF 主要接收 BSSF 的请求，控制 BCCF 实体处理 IN 业务，控制其他功能实体执行辅助业务逻辑。另外 BSCF 还负责建立在宽带网中的收发两终端接收机之间的呼叫连接，负责建立与维护呼叫所对应的承载连接。

（4）宽带专用资源功能（BSRF）。BSRF 除了提供基本的 SRF 功能外，还具有为用户下载应用软件并送给 BSCF 的能力，具有增加一些如桥接器、网关、视频会议服务器等专用资源的能力，具有运行专用的业务逻辑程序能力，具有接收和发送消息的能力，具有消息格式的翻译能力及参与带宽的协商修改与动态分配能力。

（5）体系结构中的物理实体。在宽带 IN 的参考体系结构中，物理实体与 IN 中的物理实体基本一致，但也有一些特殊的物理实体，如特殊网络资源（SNR）、宽带智能外设（BIP）及用户本地设备（CPE）等。

第三章　宽带综合业务数字网技术

随着通信技术的不断发展和电信业务的快速扩展。以 ATM 技术为重要支持的宽带综合业务数字网正全面替代传统的电信网络。本书在介绍宽带综合业务数字网的基本概念基础上，主要介绍 ATM 技术，包括 ATM 网络功能、信元格式、协议参考模型；ATM 交换机；ATM 通信网的接口、信令以及宽带接入网技术。

第一节　概　　述

一、ISDN 的基本思想

传统的电信网都被专门设计为适用于其特定业务的各种独立的网，其通信的方式是将话音、数据、视频和图像等信号按相关业务分开传输。例如：公共电话网（PSTN）能提供电话业务，数字数据网（DDN）只能提供数据业务；公共分组网（PSDN）只能提供分组交换数据业务；另外，还有会议电视网、有线电视网（CATV）等等。它们只能支撑其相关业务，而无法适应其他业务，其主要原因是各种业务的网络参数有别（如带宽、保持时间、端到端延迟和差错率等）。

一直以来，通信网的这种局面，因所能提供的业务信息受限且网络建设繁杂、运营不经济而制约着通信的发展。随着社会信息化的增强。人们受信息的影响已日益增大，对信息的要求也日益迫切，从而使社会信息量急速膨胀，导致电信业务的需求变得越来越复杂，现有的网络都已不能适应或为将来发展提供效率最优化的服务。

是否可以用一个综合的网络来代替多个分离的专用网。实现一网多用，从而改善网络建设和运营费用呢？

经过多年的研究，综合业务数字网（ISDN-Integrated Service Digital Network）的理论从逻辑上为解决这一问题开辟了新途径。ISDN 的出现确实给用户带来了诸多好处，例如：能提供端到端的 64kb/s 全数字连接，能通过一对线将许多适用的新业务接入网络，使综合化后的业务变得精简，减少了设备配置和网络的重叠。

ISDN 的初期是窄带综合业务数字网（NISDN），其标准经 ITU-T（国际电信联盟—电信标准部）建议形成了一整套完整的系列标准。然而 NISDN 的发展却一直不理想，究其原因，主要是 NISDN 体制是建立在双绞线模拟传输的基础上的，因而带宽的限制使其无法提供十分吸引人的宽带新业务。未来的通信业务要求更宽的带宽和更高的速率，要求在网络中产生各种混合业务（如多媒体通信），而在这些混合业务中，一个传送高分辨率视频要求的速率大约就是 150Mb/s 量级，若要同时支持多个交叉式或分布式服务，一个服户线的总容量需求可达 600Mb/s 量级。所以说，随着用户信息传送量和传送速率需求的不断提高，NISDN 确实难以应付日益复杂多变的网络环境，无法满足现在的通信业务要求。

二、BISDN 的概念

宽带综合业务数字网（BISDN-Broadband ISDN）在提供综合业务服务的基本思想上与 NISDN 完全一致。不同的是 NISDN 支持速率低于 2.048Mb/s 的业务，传递方式和媒质主要是以准同步传递方式（PDH-Plesiochronous Digital Hierarchy）和双绞线为基础的。而 BISDN 支持速率高于 1.5Mb/s 的业务，传递方式以异步转移模式（ATIM-Asynchronous Transfer Mode）、同步数字系列（SDH-Synchronous DH）通过光缆媒质传输为基础。

光纤传输的使用为综合业务数字网从真正意义上实现宽带业务提供了可行的基础。光纤光缆以其可传递无限的带宽优势向用户提供令人神往的大量宽带新业务。其次，光纤以其传输距离长、衰耗小、抗干扰、耐腐蚀等特点提供了运行维护上的巨大优越性。

同步数字系列（SDH）技术规范是宽带综合业务数字网的重要部分，它是光纤传输网各种接口标准速率和格式的模块化系列。SDH 具有以下优点：

（1）设备的兼容性；

（2）多路复用和多路分组的简单性；

（3）低速业务无需适配的直接接入性；

（4）对未来高速业务的容易扩展性（可从 STM-1155Mb/s 到 STM-162.5Gb/s）。

在窄带 ISDN 用户线上，SDH 是通过同步时分复用的方法，向用户提供两个 64Kb/s 的信道，用户只能利用已经划分好的这些子信道进行通信。而不能采用其他通信方式，NISDN 仅能提供基本速率接入（BRA-Basic Rate Access）和一次群速率接入（PRA-Primary RA）两种速率接口，不能满足业务综合化、宽带化的发展需求。加上带宽不够等原因使业务的种类受到了限制。宽带 ISDN 的目标是向用户提供电话、电视、数据和图像等综合业务服务，这些业务要求的通信速率相差悬殊，即使在同一类业务中也可能有多种不同的通信速率要求。如果宽带 ISDN 也采用窄带 ISDN 的同步时分复用方法，将 1555Mb/s 的信息传送按照一种固定的速率分配方案分割成若干固定子信道，则根本不可能满足未来业务所要求的灵活性，也不能有效传输可变比特率信息。由此说明，BISDN 不能采用同步时间分割方法，只能采用异步时间分割方法，即异步传输模式——ATM。采用了 ATM 技术后，犹如在信息宽带高速公路上架设了无阻塞的立交桥，在这个具有足够信道容量和可灵活导入新业务的立交桥上，无论何种业务、何种带宽、何种信令、何种协议都可通过 ATM 进行交换。图 3-1 为基于 ATM 的宽带多媒体网络业务。

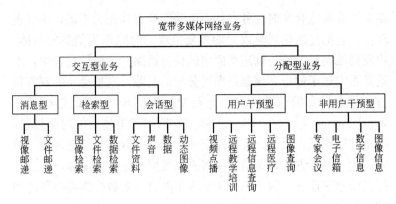

图 3-1　基于 ATM 的宽带多媒体网络业务

　　因此，我们可以说，BISDN 不是由一门技术，而是由不同技术支持的网络。经过多年的努力，特别是近几年的研究，人们已基本达成共识，认为 ATM 交换技术和光纤、SDH 传输系统是 BISDN 的最佳组合。

第二节　ATM 技术

一、ATM 产生的背景

　　交换技术 BISDN 为通信网解决了两大难题，一是高速宽带传输，二是网络内的高速交换。光纤通信技术以及光纤到用户给高速传输提供了极好的支持。那么网络内的高速交换又是如何解决的呢？

　　20 世纪 70 年代人们提出了基于电路交换的数据传输网络（CSDN-Circuit Switched Data Network）。其优点是：信息以数字信号形式在数据通路户"透明"传输，交换机对用户的数据信息不存储、不分析、不处理，因而信息的传输效率比较高；信息的编码方法和信息格式由通信的双方协调，不受网络限制；信息的传输时延小，对一次接续而言，传输时延固定不变。因此说电路交换非常适合实时业务。然而电路交换有其先天不足，主要表现在：它的传送模式是以周期重复出现的时隙作为信息的载体，收发两端间是一条传输速率固定的信息通路。在通信过程中，不论是否发送了信息，该通路即所分配的时隙一直被通信的双方独占，造成带宽的浪费；由于电路交换按同步传输模式（STM-Synchronous Transfer Mode）通信，所以通道建立的时间较长，网络利用率低；此外，在电路交换中通信的双方受信息传输、编码格式、同步方式、通信协议等方面要完全兼容的限制，无法适配各种速率业务，因而不利于实现不同类型的数据终端设备之间的相互通信。

电路交换的缺点在后来人们提出的分组交换数据网络（PS-DN-Packet Switching Data Network）中得到了较好解决。分组交换继承了传统的报文交换的"存储—转发"方式，但修改了报文交换以报文为单位交换的方式。分组交换的思路是把"报文"截成许多比较短的、规格化了的"分组"，然后对"分组"进行交换和传输。在传输过程中每个"分组"可以分段进行差错校验，使得信息在分组交换网络中传输的差错率大大降低。分组交换技术的关键是它不对每个呼叫分配固定的时隙，仅在发送信息时才送出"分组"，所以这种模式能够适配任意的传输速率，非常适合不同速率的综合业务。但是在分组交换数据网络中，由网络附加的传输信息比较多，因而传输较长，报文的效率比较低，尤其是系统延迟的不确定性，不能很好地支持实时业务。此外，分组交换要对各种类型的"分组"进行分析处理，同时进行流量控制、差错控制以及通过序号进行状态实时序管理，因此对交换机的处理能力和速度要求较高，技术实现相对复杂。

综上所述，电路交换和分组交换均具有各自的优势和缺陷。灵活和有效的交换技术、业务综合的传输技术成为解决综合业务的关键问题。新一代可以适合各种不同业务的宽带数字网，显然须综合继承电路交换和分组交换的优势，即既要支持高速和低速的实时业务，又要具有高效的网络运营效率。为了适应新形势，一种结合电路交换和分组交换技术优点的传输方式由此产生，这就是新一代的交换和复用技术 ATM。

理论研究和初步实际应用都已表明，ATM 可以以单一的网络结构、综合的方式实时地处理语音、数据、图像和电视信息，能有效地利用带宽支持现有和未来新业务的需求。ATM 的传输速率可达 Gb/s 级，是一种可称之为"被插上了翅膀"的快速分组交换方式，它具有很高的网络吞吐量，且分组处理快，排队延迟小，可给网络内的高速交换提供最好的支持，使得 BISDN 的实现成为现实。1988 年 ITU-T 正式确定 ATM 为 BISDN 的交换和多路复用技术。

总结 ATM 的优点主要有下列几点：

（1）导入现行业务和未来业务的灵活性；

（2）带宽的动态分配性；

（3）信息传输的综合性；

（4）网络资源的有效利用性；

（5）保证服务质量（QoS-Quality of Service）的宽带应用性。

二、ATM 网络功能

如前所述，ATM 的目标是在同一网络中支持语音、数据和视频。为了达到这个目标，ATM 应具有以下几种功能。

1. 建立逻辑通路

ATM 用虚连接代替固定的物理信道，即以一种建立虚电路的方式向用户提供服务。因此在信息从终端传送到网络之前，必须先有一个逻辑（虚）连接建立阶段，这个阶段使网络预留必要的资源。如果没有足够的资源可用，就会向请求的终端拒绝这个连接。当信息传送阶段结束后，资源被释放。

2. 允许收发时钟异步工作

通过同步残留时间标志法（SRTS-Synchronous Residual Time Stamp）、自适应时钟法（ACM-Adaptive Clock Method）

等业务时钟控制方法，解决收发端业务时钟差异的问题。

3. 提供动态带宽分配，最有效地利用网络资源，以适应 BISDN 的灵活性

ATM 是一种能处理复用在同一网络上所有类型业务的技术，因此在 ATM 网络中不存在任何资源专门化的情况，而是根据各虚电路中所要传递的数据量大小变化情况及时地、动态地分配带宽，即按不同业务需要实时地分配带宽，所有可用资源都能够被所有业务应用。当某条虚电路无数据要传送时，可暂不为其提供带宽，余下的带宽可供其他有传送要求的虚电路使用。

4. 最大程度地减少网络中节点的数目，从而降低交换的复杂性

5. 传输信息采用短信元格式，保证对业务所要求的时延小和抖动少

短信元经网络后形成的时延抖动要比长信元小，有利于图像、视频等时延变化有苛刻要求的业务。

6. 网络资源管理

BISDN 必须能够支持包括语音、视频、数据、图像和多媒体在内的多种业务，在进行这些信息传送时必须占用网络资源，如传输、交换、缓存和计算资源。由于业务种类繁多，需求信元格式也各不相同，如何以高效和简洁的方法进行网络的资源管理成了主要研究的问题。ATM 是通过引入虚路径（VP-Vinual Path）的方法进行管理的，这种方法使得网络的组织、构建和管理变得非常灵活和方便。

7. 取消了每条链路上的差错保护和流量控制，以适应 BISDN 的高速性

传统的网络中（如分组交换），反馈重传的差错保护和流量控制等复杂的协议是引起传输时延过大的一个主要原因。针对这一点，ATM 技术将原来 X.25 分组协议中对每条链路都进行的差错控制、流量控制取消了，在网络中仅完成协议内用户信息透明传输的最基本的功能。这种做法在目前通信网以光纤作为中继

线路传输媒质的条件下是可行的，因为光纤传输过程中的误码率很低，误码率可达 10%～12%。由于取消了每条链路上的差错保护和流量控制，因此使 ATM 网络具有了较高的信息透明性和时间透明性。关于信息透明性和时间透明性可做如下解释：

（1）信息透明性。决定网络无差错地将信息从发源地送到目的地的能力，即网络所引入的端到端差错数能到业务所接受的可能性。

（2）时间透明性。决定网络无时延、无时延抖动的能力，即网络以最小时间将信息从发源地传送到目的地的可能性。

三、ATM 信元传输和格式

ATM 的传输模式是一种面向分组的模式，它使用异步时分复用技术将不同速率的各种数字业务（如语音、图像、数据、视频）的混合信息流分割成固定字节长度的信元（Cell），在网络中进行快速分组传输和交换。

1. ATM 信元格式

ATM 的基本单位是信元，其格式如图 3-2 所示。

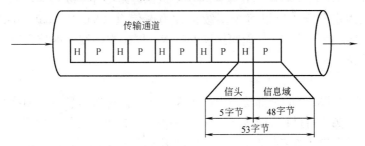

图 3-2　ATM 信元传输和格式

每个信元长度为 53 个字节，前 5 个字节为信元头，后 48 个字节为信息域（数据块）。信元的大小与业务类型无关，任何业务的信息都经过切割封装成相同长度、统一格式的信元分组，在每个分组中加上头标，以到达目的地。信元通过一条虚信道进行传输，路由的选择由信头中的标号决定，如图 3-3 所示。

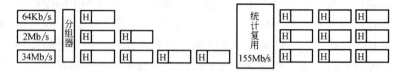

图 3-3　信息分组与统计复用

ATM 采用 5 个字节的信头和短小的信息域，比其他通信协议的信息格式都小得多，这种小的固定长度数据单元就是为了减少组装、拆卸信元以及信元在网络中排队等待所引入的时延，确保更快、更容易地执行交换和多路复用功能，从而支持更高的传输速率。这好比火车上的每节车厢，无论是客车还是货车，其车厢大小都是一样的，方便了火车中转时灵活快速地加挂或减少车厢。

信元上的比特位以连续流形式在线路上传输。发送的顺序是从信头的第 1 字节开始，其余字节按增序方式发送。在一个字节内，发送的顺序是从第 8 比特开始，然后递减。对于各域而言，首先发送的比特是最高有效位（MSB-The Most Significant Bit）。在 ATM 网中，因为每条链路容易被该链路上各接续共享，而不是固定分配，所以每个接续被称为虚信道（VC-Virtual Channel），由于 ATM 是面向接续的技术，同一虚接续中的信元顺序保持不变。

2. ATM 信元头

ATM 层的全部功能由信头来实现。在传送信息时，网络只对信头进行操作而不处理信息域的内容。接收端对信元的识别不再靠严格的参考定时，而是靠信元中的信元头标记信息来识别该信元究竟属于哪一个连接。因此，在 ATM 信元中，信元头载有地址信息和控制功能信息，完成信元的复用和寻路，具有本地意义，它在交换处被翻译、重新组合。图 3-4 是用户—网络接口（UNI-User To Network Interface）的信元头结构和网络节点接口（NNI-Network Node Interface）的信元头结构。

在 UNI 中，信头字节 1 中的 1～4 比特构成一个独立单元，

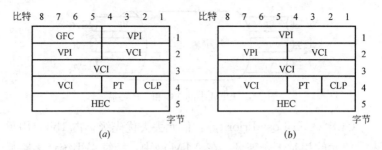

图 3-4　ATM 信元头结构

(a) UNI 信元头结构；(b) NNI 信元头结构

即一般流量控制（GFC-Generic Flow Control），而在 NNI 中，它属于虚路径标识部分。

ATM 信元头各部分功能分述如下：

GFC：一般流量控制，占 4bit。在 BISDN 中，为了控制共享传输媒体的多个终端的接入而定义了 GFC，由 GFC 控制产生于用户终端方向的信息流量，减小用户侧出现的短期过载。

VPI：虚路径标识码。UNI 和 NNI 中的 VPI 字段分别含有 8bit 和 12bit，可分别标识 2^8 条和 2^{12} 条虚路径。

VCI：虚信道标识码。用于虚信道路由选择，它既适用于用户-网络接口，也适用于网络节点接口。该字段有 16bit，故对每个 VP 定义了 2^{16} 条虚信道。

用 VPI 和 VCI 定义了信元所属的虚路径和虚信道。VPI、VCI 是 ATM 技术中两个最重要的概念，这两个部分合起来构成了一个信元的路由信息，ATM 交换就是依据各个信元上的 VPI 和 VCI 来决定把它们送到哪一条出线上去。一般来说，虚路径就是一组虚信道的组合，当对信元进行交换或复用时，首先必须在虚路径接续（VPC）基础上进行，然后才是虚信道接续（VCC）。图 3-5 说明了这一连接关系。

PT（Payload Type）：信息类型指示段，也叫净荷类型指示段，占 3bit，用来标识信息字段中的内容是用户信息还是控制信息。

图 3-5　ATM 中的 VC 和 VP 关系

CLP（Cell Loss Priority）：信元丢失优先级，占 1bit，用于表示信元的相对优先等级。在 ATM 网中，接续采用统计多路复用方式，所以当发生过载、拥塞而必须扔掉某些信元时，优先级低的信元先于优先级高的信元被抛弃。CLP 可用来确保重要的信元不丢失。具体应用是 CLP＝0，信元具有高优先级；CLF＝1，信元被丢弃。

HEC（Header Error Control）：信头差错控制，占 8bit，用于信头差错的检测、纠正以及信元定界。这种无需任何帧结构就能对信元进行定界的能力是 ATM 特有的优点。ATM 由于信头的简化，从而大大地简化了网络的交换和处理功能。

四、基于 ATM 的 BISDN 协议参考模型

ATM 技术的目的是给出一套对网络用户服务的系统。通常这些服务系统是由 ATM 协议参考模型的定义给出的。基于 ATM 的 BISDN 协议模型由三个主要区域组成，即用户面、管理面、控制面，见图 3-6 所示。

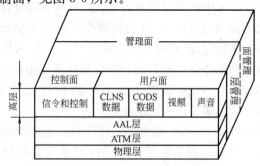

图 3-6　BISON 协议参考模型

面的划分主要是根据网络中不同的传送功能、控制功能和管理功能以及信息流的不同种类划分的。

用户面（User）协议。用户面协议主要用于用户间信息通过网络的传送。通常的数据协议、语音和视频应用都包括在这个区域，另外还包括流量控制、差错恢复等。

控制面（Control）协议。控制面协议主要用于信令信息，完成网络与终端间的呼叫控制、连接控制，建立和释放有关的功能。

管理面（Management）协议。管理面协议是性能管理、故障管理及各个面间综合的网管协议，它包括两个功能，分别为层管理功能和面管理功能。层管理功能是一个分层的结构，监控各层的操作，它的功能涉及协议实体中的资源和参数，对于每一层而言，层管理功能处理操作和管理信息流。面管理则对系统整体和各个面间的信息进行综合管理。

在每个平面内，采用了国际标准组织（ISO）标准的开放系统互联（OSI-Open System Interconnection）的分层方法，各层相对独立。按照 ITU-T 的建议，共定义了四个层：物理层、ATM 层、ATM 适配层、高层。

1. 物理层

物理层位于 BISDN 的最底层，负责信元编码，并将信元交给物理介质。为了实现信元无差错的传输，物理层又被分为物理媒体子层和传输会聚子层，由它们分别保证在光、电信号级和信元级上对信元的正确传送。

1）物理媒体子层（PM-Physical Media Sublayer）

PM 子层处理具体的传输介质，只支持和物理媒体有关的比特功能，因而它取决于所用的传输媒质（光缆、电缆）。其主要功能有比特传递和定位校准、线路编码和电/光转换等。其中比特定时功能主要完成产生和接收适于所用媒质的信号波形并插入或抽取比特定时信息以及线路编码和解码。

2）传输会聚子层（TC-Transmission Convergence Sublayer）

TC 子层所做的工作实际上是链路层的工作，完成 ATM 信元流与物理媒体上传输的比特流的转换工作，即把从 PM 子层传来的光电信号恢复成信元，并将它传送给 ATM 层处理或进行相反的操作。其主要功能解释如下：

（1）传输帧的生成和恢复。在 BISDN 中可采用以 SDH 为准的传输帧结构，也可不用传输帧，而采用基于 ATM 信元的结构。在面向帧的传输系统中，TC 子层在发送器产生传输帧，并从接收器的比特流中恢复它。

（2）信元速率适配。TC 子层从 ATM 层获得的信元速率不一定和线路上的信息传输速率一致，为了填补来自 ATM 层的各信元之间的间隙，应在 TC 子层中产生空信元进行填充操作。空信元具有特定的信头值，接收方利用此值识别空信元并加以抛弃。

（3）信元定界。信元定界是指从接收到的连续的比特流中确定各个信元的起始位置（即分割出 53 字节的信元）。ITU-T 建议利用信元头中的 HEC 来做信元定界。因为 HEC 固定位置在一个信元的第 5 字节，故找到 HEC 也就可找到信元定界。

（4）信元头差错校正。TC 子层只负责利用信元头中的 HEC 对信元头的前 4 个字节做差错检测和纠错，至于信息域 48 个字节的检错纠错则由终端完成。

2. ATM 层

ATM 层为异步传递方式层，位于物理层之上，负责生成与业务类型无关的、统一的信元标准格式，完成交换/选路由和复用。ATM 层利用信元头中各个功能字段可实现下列 4 种功能。

（1）信元的复用与分解。ATM 层相当于网络层，主要做路由工作，它提供了虚路径（VP）和虚信道（VC）两种逻辑信息传输线路。信元发送时由多个 VP 和 VC 合成一条信元流。接收时进行相反的操作，由一条信元流分解成多条 VP 和 VC。

（2）利用 VPI 和 VCI 寻路。路由功能由虚路径识别码

（VPI）和虚信道识别码（VCI）完成。在虚路径处理设备（VPH-VP Handler）和虚信道处理设备（VCH-VC Handler）中读取各个输入信元的 VPI 和 VCI 值，根据信令建立的路由在 ATM 交换区域或 ATM 交叉节点处完成对任意输入的 ATM 信元的 VPI 和 VCI 的数值变换（每一输入信元的 VPI 域值在虚路径节点被译为新的输出 VPI 域值。虚路径识别符和虚信道识别符值在虚信道交换节点处也被译为新域值），更新各输出信元的 VCI 和 VPI 值。路由功能设置 VPI、VCI 两层的原因是为了得到一种高效的路由方法，避免为计算路由花费大量 CPU 资源，因此 ATM 交换机之间可以只用 VP 交换，ATM 交换机与用户端之间再用 VC 交换。

（3）信元头的产生和提取。信元头的产生和提取在 ATM 层和上层交互位置完成，在发送方向，信元头产生功能从 ATM 适配层接收信元信息域以后，添加一个相应的 ATM 信元头（不包括信元头校验编码 HEC 序列）；在接收方向，信元头提取操作功能抽掉 ATM 信元头部，并将信元信息域内容提交给上一层 ATM 适配层。

（4）一般流量控制。在接有多个终端的多端口中，根据 GFC 对各个终端间的流量进行控制。该功能定义于用户-网络接口。

3. ATM 适配层（AAL）

BISDN 协议模型通过 ATM 适配层（AAL）使 ATM 层提供的服务能适应于上层应用的要求。AAL 介于 ATM 层和高层之间，负责将不同类型业务信息适配成 ATM 流。适配的原因是由于各种业务（语音、数据和图像）所要求的业务质量（如时延、差错率等）不同。在把各个业务的原信号处理成信元时，应消除其质量条件的差异。换个角度说，ATM 层只统一了信元格式，为各种业务提供了公共的传输能力，而并没有满足大多数应用层（高层）的要求，故需用一个适配层来做 ATM 层与应用层的桥梁。在 BISDN 中，把 AAL 层向上层提供的通信功能称作 AAL 业务或 AAL 协议。

AAL 按其功能进一步分为两个子层：信元拆装子层和会聚子层。

（1）信元拆装子层（SAR-Segmentation and Reassembly Sublayer）。SAR 位于 AAL 层的下面，其作用是将一个虚连接的全部信元组装成数据单元并交给高层或在相反方向上将高层信息拆成一个虚连接上的连续的信元。

（2）会聚子层（CS-Convergence Sublayer）。CS 位于 AAL 层的上面，其作用是根据业务质量要求的条件控制信元的延时抖动，在接收端恢复发送端的时钟频率以及对帧进行差错控制和流控。

SAR、CS 所支持的业务划分为 4 类：AAL1、AAL2、AAL3/4，AAL5。

（1）AAL1。AAL1 用来适配时、恒定比特率的面向连接的业务流，如未经压缩的语音、图像。其主要功能如下：

1）用户信息的分段和重装；

2）信元时延抖动的处理；

3）信元负载重装时延的处理；

4）丢失信元和误插信元的处理；

5）接收端对信源时钟频率的恢复；

6）接收端对信源数据结构的恢复；

7）监控用户信息域的误码和对误码的纠错。

（2）AAL2。AAL2 用来适配时、可变比特率业务流，如压缩过的图像、语音等。AAL2 是一种全新的 AAL 适配类型，它的设计思想是将用户信息进行分组，分成若干长度可变的微信元，再将其适配到 53 个字节的 ATM 信元中。这样，在一个 ATM 信元里可以同时装入多个不同的业务流。一个 ATM 信元不再仅是一种业务流分组，也就是说一个 ATM 连接可以支持多个 AAL2 的用户信息流，即用户信息流在 AAL 层上复用。这样设计的优点之一是对压缩后的语音业务流降低了拆装时延，提高了效率。其次是节约了 ATM 中 VPI、VCI 的资源，这在 ATM

网络中支持 IP 业务十分重要。可以说 AAL3/4 协议是 ATM 网络最富有挑战性的业务适配。目前 ITU-T 组织正在完善 AAL2 的协议。

（3）AAL3/4。AAL3 与 AAL4 结合形成了公共部分 AAL3/4。AAL3/4 主要用来支持对丢失比较敏感的数据传输。它既可支持面向连接业务，也可支持非连接型业务，连接可以是点到点或点到多点的。它对实时要求不高，但对差错率很敏感。

相对来说 AAL3/4 较复杂且低效，校验位也只有 10bit，所以计算机界又设计了 AAL5，用以简化 AAL3/4 的复杂性。

（4）AAL5。AAL5 是高效数据业务传送适配协议，支持收发端之间没有时间同步要求的可变比特率业务，主要用于传递计算机数据和 BISDN 中的用户-网络之间信令消息和帧中继业务。提出 AAL5 适配协议的主要目的是实现一种开销较低而检错能力较好的适配协议。目前 IP 数据包就是使用的 AAL5 协议。由于 TCP/IP 很热门，所以 AAL5 被广泛利用。AAL5 的格式较简单，校验位为 32bit。另外 AAL5 与 AAL3/4 的主要区别在于 AAL5 不支持复用功能，因而没有多路复用识别（MID-Multiplexing Identification）域。

4. 高层

高层根据不同的业务（数据、信令或用户信息）特点，完成其端到端的协议功能。如支持计算机网络通信和 LAN 的数据通信，支持图像和电视业务及电话业务等。

上述各层（物理层、ATM 层、AAL 层）的功能全部或部分地呈现在具体 ATM 设备中，比如在 ATM 终端或终端适配器中，为了适配不同的应用业务，需要有 AAL 层功能支持不同业务的接入；在 ATM 交换设备和交叉连接设备中，需要用到信头的选路信息，因而 ATM 层是必须有的支持；而在传输系统中需要物理层功能的支持。BISDN 各层的功能如表 3-1 所示。

	高　层	高　层　功　能
层 管 理	适配层 （AAL）	会聚子层 （CS）	处理信元丢失、误传，向高层用户提供透明的顺序传输 处理信元延迟变化 流量/差错控制
		信元拆装子层 （SAR）	分段和重组，产生 48 个字节的 ATM 信元有效负载 把 SAR-DU（协议数据单元）交给 ATM 层 在发送端发生拥塞时监测信元的丢弃 在接收端接收信元有效负载 把 SAR-SDU（业务数据单元）交给 CS
	ATM 层	异步传递 方式层	一般流量控制 信元头的产生的提取 信元 VCI、VPI 翻译 信元的利用与分解
	物理层	传输会聚层 （TC）	信元头差错校正 信元风步 信元速率适配 传输帧的生成 信元的定界
		物理媒体子层 （PM）	比特定时（位同步） 传输物理媒体

第三节　ATM 交换机

一、宽带业务对 ATM 交换机的要求

宽带网络覆盖业务的范围十分广泛，传送速率可以是固定的也可以是可变的；对业务的处理可以是实时的也可以是非实时的；不同的业务对于信元丢失率、误码率、时延抖动等服务参数各有特殊的需求。宽带业务的这些特性要求 ATM 交换机具有下列最基本的能力。

1. 多速率交换

从几 kb/s～150Mb/s 范围内的许多速率都要在宽带交换机中进行交换。

2. 多点交换

多点交换要求提供点到点与点到多点的选播/组播/广播连接功能，使 ATM 交换机可以实现将一条入线的信元输出到多条出线上的操作，即信息由内源点向任意目标广播。

3. 多媒体业务支持

ATM 网络中允许接入的业务有不同形式，为了满足每一种媒体的质量要求，对交换机的性能同样有很高要求。ATM 交换机的性能除了由吞吐量、连接阻塞率、误码率和交换时延描述外，还有两个重要参数：信元丢失/信元误码率和时延抖动。下面重点对信元丢失/信元误码率、连接阻塞率和交换时延的要求进行讨论。

(1) 信元丢失/信元误码率。在 ATM 交换机中，有时会出现许多信元争用同一链路的情况，这种情况如果超出了交换机的处理能力，可能会产生信元丢失、信元误码。为了保证语义透明度，必须将信元丢失率限制在一定范围内。要求 ATM 交换机的信元丢失率应在 $10^{-8} \sim 10^{-11}$ 范围之内，即大约每十亿个信元才丢失一个。

(2) 连接阻塞率。在 ATM 网络中，通信双方采用面向连接方式。因此，在输入/输出之间必须通过交换矩阵建立连接。由于 ATM 交换机内部并不实际建立路由，只是在其路由表中指出该连接的信元 VPI/VCI 转换，所以一旦在交换机的入线和出线之间没有足够的可用资源来保证已建立连接的质量，系统就会发生连接阻塞。ATM 的吞吐量衡量 AFM 交换机的容量，其内部连接数量和使用带宽决定了连接阻塞率，要求在尽量扩大 ATM 交换机入线和出线规模的同时设计内部无阻塞（Non-blocking）的交换设备，使 ATM 交换机具有高性能的吞吐量和低指标的阻塞率。

(3) 交换时延。交换时延是指通过交换机交换一个 ATM 信元时所用的时间。要求 ATM 交换机的交换时延值在 $100 \sim 1000\mu s$ 间，时延抖动为几百微秒。

二、ATM 交换机的任务

ATM 交换机是 ATM 宽带网络中的核心设备，需要完成物理层和 ATM 层的功能。对于物理层，它的主要工作是对不同传送介质电器特性的适配。对于 ATM 层，它的主要工作是完成 ATM 信元的交换，即 VP/VC 交换。用户发送或接收的信息（如图片、语音、数据）是按照 ATM 信元格式，在交换机的入端与出端通过使用虚路径（VP）、虚信道（VC）完成传输与交换的。

VC 在终端间建立，在交换机上对 VPI/VCI 进行变换。VP 在交换机与终端建立，在交叉连接设备（XC）上对 VPI 进行变换。VPI 和 VCI 的赋值方法是：由终端对 VPI 和 VCI 赋值，交换机对 VPI 赋值并对 VCI 变换，XC 只对 VPI 进行变换。

可见，ATM 交换实际上就是信元头中相应的 VPI/VCI 交换。

归纳 ATM 交换机的主要任务应是：

（1）VPI/VCI 变换；

（2）信元从输入端交换到指定输出端。

归纳 ATM 交换机的主要任务是：

为了完成上述任务，ATM 交换机的交换路由选择方式普遍采用两种控制方法：自选路由（Self-Routing）法和表格控制（Table-Controlled）法，目前还有一种自适应控制法，正在试用中。

1. 自选路由法

通过给信元加一些寻路标识来提供快速的选路功能，利用自选路由模块时，VPI/VCI 的翻译任务必须在交换网络的输入端完成，然后在信元头前插入内部标识符，使得交换网络内部的信元格式大于 53Byte。信头扩展要求增加内部网络的速度，每个连接（从输入到输出）都有一个特定的交换网内部标识符，这个内部标识符因交换矩阵而异，在一个点到多点的连接中，给 VPI/VCI 分配一个多路交换标识，根据它复制信元并选路送往各目的端。图 3-7 是自选路由交换单元构成的交换网络对信元头的处理过程。

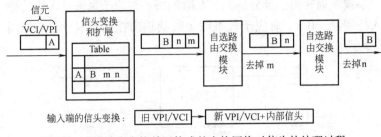

图 3-7　自选路由交换单元构成的交换网络对信头的处理过程

2. 表格控制法

在表格控制方法中需要在交换矩阵（SF）内存储大量的路由表，每个表项都包括新的 VPI/VCI 和对应的输出端或链路号。当信元到达 ATM 交换机后，如果交换机读到的 VPI/VCI 与路由表中的一致，就会很快自动找到输出口并更新信头的 VPI/VCI 值，发往下一个节点（信头必须按输出端口的要求进行转换）。图 3-8 是表格控制法交换单元构成的交换网络对信头的处理过程。

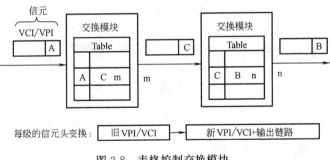

图 3-8　表格控制交换模块

上述两种方法中，自选路由方法在很大程度上减少了控制的复杂性，因此对于大规模的多级交换网络，自选路由方法更可取一些。

三、ATM 交换机模块

ATM 交换机的基本单元是交换模块（Switching Element）。

交换模块通常由三部分组成：互联网络、对应于每条输入线的输入控制器（IC）、对应于每条输出线的输出控制器（OC），如图3-9所示。

图 3-9　交换模块一般模型

一般来说，单个交换模块便可实现交换机的基本结构。但对于 ATM 这种大规模节点容量的交换机来说需要多个交换模块组合构成。

为了避免多个信元因同时竞争同一个输出所造成的信元丢失，每个交换模块内部还应具有缓冲器。

ATM 交换模块的结构常有下列几种类型：

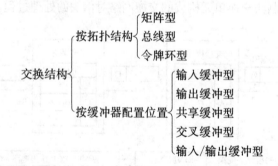

1. 矩阵型交换结构

下面以矩阵型结构为例，介绍缓冲器的几种不同配置位置。

（1）输入缓冲型交换结构。

图 3-10 表示的是输入缓冲型交换结构。

在这种结构中，信元缓冲器放置在输入控制器之后。所有由该线进入系统的信元，首先被暂存在缓冲器中，当出线空闲时依次被送到交换单元，使交换机内的互联部分和出线上的信元不会发生冲突。

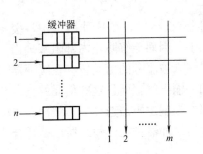

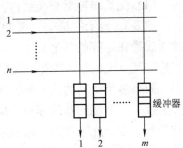

图 3-10　输入缓冲型交换结构　　　图 3-11　输出缓冲型交换结构

（2）输出缓冲型交换结构。

图 3-11 表示的是输出缓冲型交换结构。在这种结构中，信元缓冲器放置在每条线路的输出控制器之前。信元不必因为发生冲突而在输入缓冲区中等待。为了避免多个输入端口同时向一个输出端口送出的信元发生冲突，输入信元对高速总线进行复用。另外，当矩阵连接点的操作速度与输入线的速度相同时，也可能发生冲突。解决的办法是减少缓冲器访问时间并提高交换矩阵速度。

（3）共享缓冲型交换结构。

图 3-12 表示的是共享缓冲型交换结构。在这种方式中，来自多条入线上的信元写入共享缓冲器。在缓冲器中分别管理各条出线上信元的传送顺序，并按此顺序向各个目的端口读出信元，送往各条出线。在这种结构中需要加一个控制电路来控制各条进线和出线对共享缓冲器的访问。此外，由于是共享缓冲器，所以要求对缓冲器高速操作。

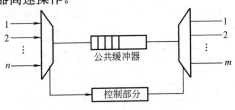

图 3-12　共享缓冲型交换结构

（4）交叉缓冲型交换结构。

图 3-13 表示的是交叉缓冲型交换结构。在这种结构中，缓冲器放置在矩阵的各个交叉接点上，因而能够防止内部阻塞。当到达交叉点上的信元发生竞争时，未被服务的信元暂存在缓冲器中。如果多个队列的信元要去同一输出线，而且这些信元的长度又超过了一个缓冲器的容量，那么控制逻辑需选择一个缓冲器先被服务，由于此结构以线路速率对缓冲器进行读写，所以是适合线路的高速化。

（5）输入/输出缓冲型结构。

输入/输出缓冲型结构见图 3-14 所示。在这种结构中，由于在输入/输出线上都放置了缓冲器，使得交换单元内部的交换速度高于入线和出线的传输速率，所以能避免内部冲突。也可从输入缓冲器中重传被阻塞的信元来挽回信元的丢失。

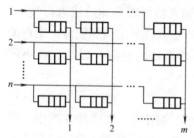

图 3-13　交叉缓冲型交换结构

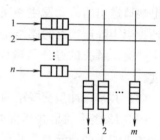

图 3-14　输入/输出缓冲型交换结构

以上介绍的 5 种交换结构各自具有其优缺点，读者可自己思考，作出判定。

2. 总线型交换结构

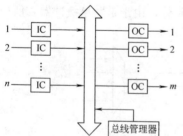

图 3-15　总线型交换结构

总线型交换结构见图 3-15 所示。总线型交换结构是指所有交换模块间的连接都通过一个高速时分复用（TDM）总线提供的能道完成。其特点是：总线机制完成输入/输出线上的信息交换，总线通过总线管理器进行管理。在总线型中，只有当总线的总容量至少等于所有输入链路容量之和时，才能保证信元无冲突地传输，当然，如果总线系统按比特位并行方式进行数据传输，还可得到高质量传输。

3. 令牌环交换结构

令牌环交换结构见图 3-16 所示。在这种结构中，所有输入和输出控制器通过环形网络相连。环形网络按时隙方式进行工作，为每个入线分配时隙以减少开销。入线占用相应的时隙将其上的信元送上环路，而在任意出线上进

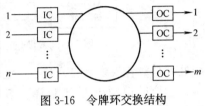

图 3-16　令牌环交换结构

行 VCI/VPI 判断，看信元是否由该出线接收。令牌环的优越性在于如果采用合适的策略安排出线和入线位置，并且不将时隙固定分配给特定的入线，同时出线可以强制将接收时隙释放，所以一个时隙可以在一次回环中多次利用，提高时隙实际利用率。

四、ATM 交换机结构

我们已经知道，ATM 交换机的功能就是进行相应的 VP/VC 交换，即进行 VPI/VCI 转换和将来自于特定 VP/VC 的信元根据要求输出到另一特定的 VP/VC 上。为了完成传送 ATM 信元的工作，ATM 交换机的核心部件应该由三部分组成：

ATM 线路接口部件；

ATM 交换网络；

ATM 控制结构。

三者的关系如图 3-17 所示。

1. ATM 线路接口部件

ATM 线路接口部件的作用是为 ATM 信元的物理传输媒质和 ATM 交换结构提供接口，完成入线处理和出线处理。其中入

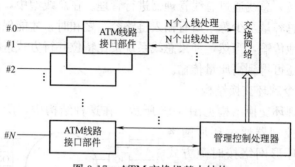

图 3-17 ATM交换机基本结构

线处理是对各入线上的ATM信元进行处理（诸如缓冲、信元复制、虚信道识别码VCI翻译、多个低速设备的多路信息分流等），使它们成为适合送入ATM交换单元处理的形式。完成的功能类似于BISDN协议模型中将信息由物理层向ATM层的提交过程；出线处理则是对ATM交换单元送出的ATM信元进行处理（诸如缓冲、VCI翻译、合并等），使它们成为适合在线路上传输的形式，类似于BISDN协议模型中将信息由ATM层向物理层的提交过程。

为了适应各种现有的和将来的业务，ATM线路接口部件必须有多种规格，以便能够灵活地提供各种业务和网络配置。

2. 交换网络

ATM交换网络完成的工作是将特定入线的信元根据交换路由选择指令输出到特定的输出线路上。要求ATM交换网络具有：缓冲存取、话务集中和扩展、处理多点接续、容错、信元复制、调度、信元丢失选择和延迟优先权等功能。ATM交换网络由基本交换模块构成。

与传统的交换网络一样，ATM交换网络也可分为时分和空分两大类。

时分结构是指所有的输入/输出端口共享一条高速的信元流通路。这条共享的高速通路可以是共享介质型的，也可以是共享存储型的。

空分结构是指在输入和输出端之间有多条通路，不同的ATM信元流可以占用不同通路而同时通过交换网络。其选路方式就是前面所叙述的自选路由方式和表格控制选路方式。

空分结构与时分结构相比，前者不依赖于共享设施。

3. 管理控制处理器

管理控制处理器的功能是指与端口控制器通信，从而对ATM交换单元的动作进行控制和对交换机操作管理。其控制结构由线路板软件以及其他两层高级控制功能组成。对应ATM协议参考模型，控制结构基于分布式处理，以便实现交换能力的模块式扩展。为了可靠性要求，控制结构都是双重配置，而且采用的信元处理算法可实现激活/不激活单元之间的无损伤或大差错倒换。

第四节　通信网接口

一、ATM通信网接口概念

ATM作为BISDN的支撑技术的原因之一是因为同步传递方式（STM）接口结构难以应付日益复杂多变的网络环境，而ATM接口结构才可在一个单一的主体网络上携带多种信息媒体进行多种业务通信，即在业务的信息速率方面，既可以适应低速数据业务（几个至几十kb/s），也可以适应高速数据或图像业务（10～150Mb/s），还可以适应可变速率的业务。用户通过宽带用户网络接口（B-UNI）可得到多种电信服务业务。考虑到与以SDH定义的网络节点接口（NNI）的匹配，规定B-UNI的速率为155.52Mb/s和622.08Mb/s。

ATM通信网通过实现用户-网络接口（UNI）、网络节点接口（NNI）、数据交换接口（DXI）和宽带互联接口（B-ICI）的功能和信令，为用户提供包括传元中继在内的各种业务的传送。

二、ATM 通信网接口结构

1. 用户-网络接口（UNI）

UNI 完成用户-网络接口的信令处理和 VP/VC 交换操作。UNI 是 ATM 终端设备和 ATM 通信网间的接口，根据 ATM 专用网和公用网不同，UNI 接口分别称为公用用户-网络接口和专用用户-网络接口 PUNI（Private UNI）。在 ATM 网中如果有一个交换机属于公用网交换机，另一个属于专用网交换机，则两者的接口就应采用公用用户-网络接口。若两个交换机都居于专用网时，接口就应采用专用用户-网络接口 PUNI。

用户-网络接口技术规范包括各种物理接口、ATM 层接口、管理接口和相关信令的定义。对 BISDN 的用户-网络接口的参考配置定义与 ISDN 的接口参考配置的定义相似，如图 3-18 所示。

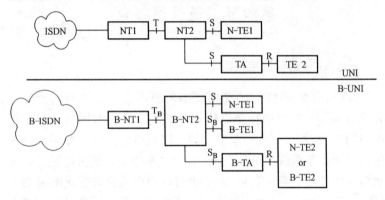

图 3-18　ISDN/BISDN 用户-网络接口的参考配置

图 3-18 中的 B-UNI 的功能描述如下：

（1）B-NT1（Network Terminational）。B-NT1 是网络终端 1，具有用户传输线路用户侧的终端功能和 B-UNI 第一层的功能。

（2）B-NT2。B-NT2 是网络终端 2，具有第一层和高层的功能。

（3）B-TE1（Terminal Equipment）。B-TE1 是 BISDN 标准功能的终端。

（4）B-TE2。B-TE2 是非 BISDN 标准功能的终端。

（5）B-TA（Terminal Adaptor）。B-TA 是终端适配器，对非标准终端提供协议转换功能。即非标准 BISDN 终端加上 B-TA 就可实现 B-TE1 的功能。

B-UNI 在两个方向上的接口速率可以是对称的，也可以是不对称的。例如两个方向可均为 155.52Mb/s 或是一个方向上为 622.08Mb/s，另一个方向上为 155.52Mb/s。终端比特率由网络控制。

2. 网络节点接口（NNI）

NNI 完成网络节点接口的信令处理和 VP/VC 交换操作。其 NNI 是公用网中交换机的接口，PNNI（Private NNI）是专用网中交换机之间的接口。NNI 也可以用在两个专用网或两个公用网中，在公用网中它是网络节点，在专用网中它是交换接口。

网络节点接口标准包括各种物理接口、ATM 层接口、管理接口和相关信令的定义。专用网的网络节点接口结构 PNNI 还包括专用网络节点接口路由选择结构的技术规范。

3. 数据交换接口（DXI-Data Exchange Interface）

ATM 数据交换接口允许利用路由器等数据终端设备与 ATM 网互连，数据业务用户接入 ATM 公用网时可用公用 UNI 标准接口。数据终端设备和数据通信设备协议提供用户-网络接口。

数据交换接口技术规范包括数据链路协议、物理层接口、本地管理接口和管理信息库的定义。物理层接口处理数据终端设备和数据通信设备间的数据传递，管理信息库用于 ATM 数据交换接口。

4. 宽带互联接口（B-ICI-Broadband-Intercarrier Interface）

宽带互联接口用于两个 ATM 公用网之间，其技术规范包括各种物理层接口、ATM 层管理接口和高层功能接口。高层接口用于 ATM 和各种业务互通，如交换的多兆比特数据业务、帧中继、电路仿真和信元中继。

5. LAN 接口（LANI-Local Area Network Interface）

ATM 论坛近年来对 PUNI 上的第二代局域网（ATM-LAN）的物理接口进行了标准化。ATM-LAN 用作校园网或企业内部网络时可采用 100Mb/s 多模光纤接口，即传统的 FDDI（基于光纤分布式数据接口）的物理规范。

ATM 网络接口结构如图 3-19 所示。

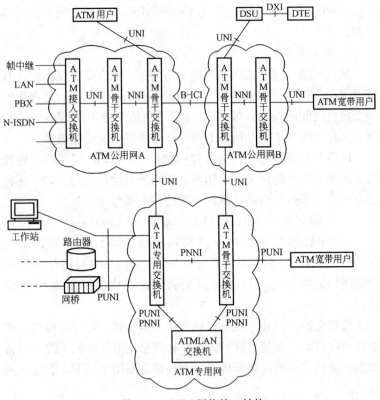

图 3-19 ATM 网络接口结构

在 ATM 专用网中，主要有 ATM 专用交换机、ATM 骨干交换机和 ATM 局域网交换机。交换机接口主要有 PUNI、PN-

NI 以及局域网接口。ATM 专用网能处理各层协议以及 ATM 信令，完成 VP/VC 交换操作，交换容量通常在 10Gb/s 以上。

在 ATM 公用网中，主要有 ATM 接入交换机和骨干交换机。接入交换机用于将各种业务如帧中继、局域网、窄带 ISDN 用户交换机以及 ATM 信元业务等接入到 ATM 网络中，通过 AAL 层功能将业务数据适配到 ATM 信元中，完成统计复用功能。公用网骨干交换机通常仅提供 ATM 标准接口，主要完成 UNI、NNI 和 B-ICI 接口的功能及信令。和专用网骨干交换机相比，公用网骨干交换机应有更强的包括带宽管理在内的功能，以适应公用网计费和管理的要求，且容量也要大得多，通常在 80Gb/s 以上。

三、典型 ATM 物理层接口介绍

1. SONET/SDH 接口

同步光纤网（SONET-Synchronous Optical Network）接口是为公用网应用开发的，具有满足未来交换需求的可伸缩能力。传输媒体是单模光纤。SONET 是一个信令层次，是建立在呼叫同步传输信号（STS）的基础信令结构上的。STS 也称作光载波（OC）信令，利用 STS-1/OC-1 信令的设备将以速率 51.84Mb/s 传送和接收。而 STS-48/OC-48 线路速率是 2488.32Mb/s。下一个超过 STS-48/OC-48 的更高速率将是 STS-192/OC-192，其数据速率接近 10Gb/s。

SDH 型接口用于光纤骨干网，它以 SDH 传输帧为基本结构将信元流映射到 SDH 净荷内。SDH 的基本帧称为同步传输模块级 1（STM1），多个 STM 帧可以多路复用为高速信号，STMn 信号就是以 n 倍 STM1 速率传输的信号，STMn 携带 n 倍 STM1 帧信息容量。目前基于 SDH 传输方式有两种接口用于 ATM 网，即 STM1 和 SIM4 它们的速率分别是 156.52Mb/s 和 622.08Mb/s。SDH 接口在广为采用的 SDH 传输方式上建立 BISDN，有利于加速 BISDN 的导入。

2. E3 接口

E3 接口也是一种典型的 ATM 网络物理接口，其速率是 34Mb/s，传输媒体为同轴电缆，线路编码形式为三阶高密度二进码 HDB3。

3. DS-3 接口

DS-3 接口是同 ATM 网广域连接的一种可广泛使用的高速服务接口，术语 DS-n 代表 Digital Signal-n。DS-3 接口支持 41.736Mb/s 的速率，传输媒体为同轴电缆。采用 DS-3 接口的 ATM 物理汇聚协议将使用 DS-3 线路帧技术进行操作，信息以 DS-3 帧进行传输，传输方式是串行的，类似于 SONET。标准的 DS-3 帧结构是由 DS-3 子帧构成的，ATM 信元放在组成 DS-3 帧的子帧的信息域中。

4. 基于 FDDI-4B/5B 的接口

ATM 论坛为专用 UNI 定义了 FDDI 物理层的 125MBaud（兆波特）多模光纤接口。此接口的物理媒体子层采用 4B/5B 线路编码，产生 100Mb/s 速率。线路编码形式为不归零 NRZ 编码。这种 4B/5B 编码接口没有帧加载于物理链路，即 4B/5B 没有帧结构，因此在信元传输方式上，不是将一组信元装在帧结构中进行传输的，而是从起始信元开始逐个地传输的。因此称 4B/5B 编码的接口为基于信元的接口。

所谓 4B/5B 的含义是指在该接口上传输的信息其每个字节首先被分成两组 4bit 码处理，然后每组 4bit 码再转换成 5bit 的编码进行传输，这种预处理叫做 4B/5B 转换。接收设备再将 5bit 码组转换成 4bit 码组，并将 4bit 码组还原成原始信息字节。进行 4bit 到 5bit 的转换可使接收设备将它的接收时钟与它相邻的传输时钟同步，时钟同步可使接收者有效地接收信元。

5. 8B 与 10B 接口

8B/10B 接口用于本地 ATM 网连接，其接口以 155.52Mb/s 的数据速率工作，线路传输速率是 194.40Mb/s，采用 NRZ 线路编码。8B/10B 接口将 8bit 转换成 10bit 符号，转换的原因同

4B/5B一样，与4B/5B不同的是8B/10B接口采用帧结构。帧结构由27个信元组成，其26个ATM信元和1个物理层开销为单位的传送方式，形成能够插入/提取125μs定时的接口规范。27个信元是一个数据块，故称这种接口为"块接口"。其传输媒体可采用多模光纤和屏蔽双绞线（STP）。

综合以上接口，图3-20给出了ATM骨干交换机与ATM接入用户机的接口结构。

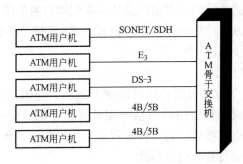

图3-20　ATM骨干交换机与ATM接入用户机的接口结构

第五节　ATM通信网信令

一、ATM信令基本概念

传输网络中各部件遵循的协议称为信令。信令是BISDN协议参考模型中控制面和管理面的重要组成部分，它完成ATM端用户之间通路的建立、监控和拆除操作。ATM的信令有下列特点：

（1）ATM信令是带外信令。

（2）ATM使用独立的信令信道传送信令消息。ATM的虚连接（VC）概念提供了在逻辑上分离信令信道和用户信道的手段。

（3）信令信元以与用户数据信元相同的方式在ATM层

传递。

（4）对于点到点信令，信令信元被分配到信令虚信道，在信令接入配置中，可以只用一条预先建立的信令虚信道。

（5）点到多点信令结构用于 UNI 中。如一个用户-网络接口被多个用户分享。其信令接入配置中，需使用元信令管理信令虚信道。元信令只管理用户-网络接口信令（UNI），而不涉及网络节点信令（NNI）。

（6）广播式的信令虚信道是从网络到用户的单向信道，可用于点到多点方向的呼叫根据网络位置，ATM 信令协议主要分为 UNI 信令和 NNI 信令。

1. UNI 信令

UNI 信令实现用户和网络的交互过程，终端用户操作的可见部分，完成所有与用户通信的相关操作。UNI 信令提供点到点、点到多点连接的能力，协议规定了传送各种参数和通知相应判定的结果的过程和信息格式。

所有的信令消息都由信息单元组成，信息单元有必选和可选两种。两种单元的内容为：

（1）必选信息单元有：

1）连接标志（VCI/VPI 值）；

2）被叫方号码（目的地址）；

3）请求的 ATM 信元速率；

4）请求的服务质量（QoS）等级。

（2）可选信息单元有：

1）AAL 参数；

2）主叫方号码；

3）承载能力。

在 UNI 中，信令 ATM 适配层（SAAL）功能支持 ATM 层以上的可变长度信令信息交换，SAAL 将高层信令信息适配到 ATM 信令信元。UNI 信令采用了 NISDN 信令协议 Q.931 的改进版 Q.2931。

2. NNI 信令

NNI 信令实现网络中节点之间的交互，终端用户操作不可见部分。根据用户和网络交互的结果完成相应网络中各节点的操作和命令的传递。在 NNI 中，高层的局间信令协议采用 7 号信令网的 ISDN 用户部分（ISUP-ISDN User Part）的扩展版本（BISUP-Broadband ISDN UP）。目前有两种选择方式支持 BISUP。其一是直接通过 ATM 链路，经过 ATM 适配层（SAAL）和 7 号信令网的信息转移部分第三层 MTP-3（Message Transfer Protocol-3）支持 BISUP；其二是通过现有的 7 号信令网，即经过 MTP1 至 MTP3，支持 BISUP。

基于 ATM 交换的 BISDN 交换的信令体系

ATM 网络 UNI、NNI、信令的各种分层结构如图 3-21 所示。

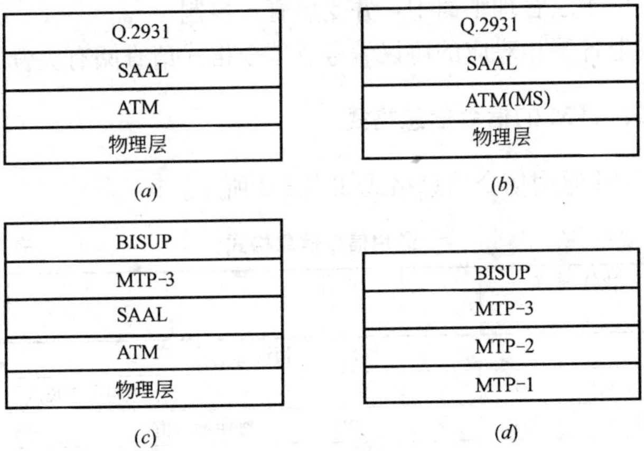

Q.2931
SAAL
ATM
物理层

(a)

Q.2931
SAAL
ATM(MS)
物理层

(b)

BISUP
MTP-3
SAAL
ATM
物理层

(c)

BISUP
MTP-3
MTP-2
MTP-1

(d)

图 3-21　基于 ATM 的 BISDN 信令协议体系结构

(a) 点-点 UNI 信令；(b) 点-多点 UNI 信令；(c) 基于 ATM 网上传输的 NNI 信令；(d) 基于 No.7 信令网上传输的 NNI 信令

各层的主要功能为：

（1）物理层：提供的是有效信元的传送，如实现速率耦合、信头差错控制、信元定界、扰码以及比特适配物理媒体功能。

（2）ATM 层：提供信令和用户信息 VCC 的连接和释放。

（3）SAAL：ATM 适配层信令。该层完成将各种信令信息适配成 48 字节为单位的数据单元，并提供流量控制和差错控制，保证信息可以在 ATM 网络上可靠地传输。

（4）Q. 2931：高层信令协议。在 UNI 处提供用户呼叫建立和释放以及用户补充业务等过程的操作。

（5）MTP-1、MTP-2、MTP-3：分别为 7 号信令信息转移部分 1 层、2 层、3 层功能，完成物理层、数据链路层和网络层的功能。

（6）BISUP：提供 B-ISDN 局间业务呼叫的建立、释放以及用户补充业务的信令程序。

（7）MS：点-多点信令接入配置中，需使用元信令（MS）管理 UNI 处的信令虚连接。MS 无信令协议是 ATM 层的一部分，它位于层管理平面中，并受层管理控制。

以上各层相对应的协议编号及信令格式请查阅有关资料。

二、ATM 的信令信息格式

ATM 通用信令信息格式如表 3-2 所示。

通用信令信息格式　　　　表 3-2

比特 字节	8	7	6	5	4	3	2	1
1	协议鉴别符							
2	0	0	0	0	呼叫参考长度			
3	标记	呼叫参考值						
4～5	呼叫参考值							
6～7	信息类型							
8～9	信息长度							
其他	可变长度信息元素							

（1）协议鉴别符是每个消息的第一个 8bit，指明使用的协议标准，用于区别 B-UNI 用户网络接口信令信息和其他协议信息类型。

（2）呼叫参考由呼叫参考长度和呼叫值两部分组成，用以区别用户-网络接口上的呼叫，呼叫参考是在呼叫开始时分配，一直保持到呼叫结束。呼叫参考值域中第1字节的高位用作标记位，其他用作呼叫参考。标记位表示呼叫的方向是呼出（1）或呼入（0）。

（3）呼叫参考长度域表示呼叫参考的长度。在用户-网络接口上，识别信令信息适用的呼叫，标识一个本地呼叫，其值由接口的始发边分配给某个呼叫，并在呼叫期间固定不变，保持惟一性。

（4）呼叫参考标记符表示呼叫方向是呼入或呼出。

（5）呼叫参考值是每个消息的第二部分，由呼叫发起方赋值，它在一个特定的信令虚信道中是惟一的，并在呼叫生存期中保持不变，呼叫释放后其值可以重新使用。

（6）信息类型是每条消息的第三部分。指明消息的功能，并可明确指明接收方不能识别此信息时应采取的动作。

（7）信息长度是信息内容的字节数。根据需要，信令信息可以包含一个或者多个信息元素。信息元素格式如表3-3所示。

信息元素格式 表3-3

字节 \ 比特	8	7	6	5	4	3	2	1
1	信息元素鉴别符							
2	1	编码标准			信息元素信息域			
3～4	信息域长度							
5	信息域内容							

（8）可变长度信息元素作为 Q.2931 消息的备选域。主要用以传递消息所需要的参数和其他说明信息。

第六节　宽带接入网技术

一、接入网（AN）概念

用户到本地交换端局之间的连接称为接入环路。传统的电信网络只是将这段连接作为各种业务的接入路由（即接入环路），在网络研究和设计方面侧重于电信干线网络部分。随着主干网络的宽带化，接入环路成了各种宽带业务的瓶颈，被列为解决用户如何接入宽带传输网络的问题。近些年来，这个问题逐步成了电信领域研究的重点，并已将接入部分从简单环路上升到了网络的地位，ITU-1 也已正式采用了用户接入网（简称接入网）的概念，这是一个以严格的规定、较高的功能角度描述的网络概念。

目前的接入网仍然由以双绞线为主的铜缆网所主宰，用户接入网基本是能过专门的一对双绞线与本地交换机端局相连的。随着光纤光缆的应用，为接入网提供了实现新的网络配置的可能性，使光纤化推向用户成为可能。

二、接入网的主要功能

接入网功能结构如图 3-22 所示。其主要功能有 5 个。

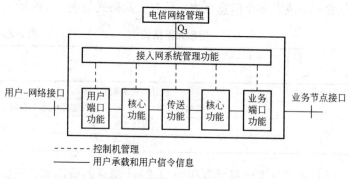

图 3-22　接入网功能结构

（1）用户端口功能（UPF-User Port Function）。

用户端口功能完成特定的 UNI 要求与核心功能和系统管理功能适配。如终结 UNI 功能、信令转换、A/D 转换、处理 UNI 承载信道和承载容量、UNI 的测试和 UPF 的维护等。

（2）核心功能（CF-Center Function）。

核心功能完成 UNI 承载通路和 SNI（业务节点接口）承载通路的要求与公用传送承载通路的适配，其功能还包括通过 AN

144

传送所需要的协议适配和复用所进行的对协议承载通路的处理。其具体包括接入承载通路处理、承载通路集中、信令和分组信息复用、ATM 传送承载通路的电路模拟等。

（3）传送功能（TF-Transmission Function）。

传送功能为接入网提供了由多接入段（如馈送段、分配段和引入段等）组成的分共传送通道，完成不同传输媒体间的适配。其具体包括复用、交叉连接和物理媒体支持等。

（4）业务端口功能（SPF-Service Port Function）。

业务端口功能完成特定 SNI 要求与公共承载通路的适配，以便核心功能处理。同时选择有关信息供 AN 系统管理功能使用。其具体包括 SNI 功能的终接、SNI 的测试、SPF 的维护、对特殊的 SNI 作协议映射以及对承载要求/实时管理/操作要求映射到核心功能。

（5）接入网系统管理功能（AN-SMF-是 Access Network System Management Function 的缩写）。

接入网系统管理功能通过 Q3 管理接口和电信管理协调工作，完成接入网各种功能的适配、运行和维护，也负责协调用户终端（经 UNI）和业务节点（经 SNI）的操作功能。其具体包括系统配置和控制、故障监测和指示、用户信息和性能数据采集、安全控制、资源管理等。可以通过 SNI 协调和业务节点（SN）的操作过程，通过 UNI 协调和用户终端的操作过程。

根据图 3-22 可知，接入网的接口主要有三种：用户-网络接口（UNI）、业务-节点接口（SNI）和 Q3 网管接口。

SNI 又有不同的接口类型，即模拟接口和数字接口，其中数字接口中的 V5 接口是目前接入网推荐的标准化业务网络接口。该接口使本地交换机可以和接入网经标准接口任意互联，不局限于特定传输媒质和网络结构。V5 接口根据承载的业务种类和数量不同分成支持单个 2M 的 V5.1 接口、支持 16 个 2M 的 V5.2 链路接口以及正在研究的新的 SDH 速率的 V5.3 接口和支持大规模宽带接入的 V5.B 接口。

三、宽带接入网的设计

1. 设计要求

在宽带环境中，设计接入网必须考虑的条件有：业务估算量，接入协议，拓扑结构，以及业务、特性和功能要求，接入路由的多样化。

（1）业务量估算。

在宽带网中，由用户产生的各种业务，各有其模型和使用特性，特别是对每个用户的未来业务量需求很难把握，因此，所设计的接入网要使其满足宽带网特点的不确定性，要能够随时进行业务扩容。

（2）接入协议。

为了接入公用网，接入协议除应满足 ITU-T 制定的国际标准和国内标准外，还应具备处理用户现有和将来不同业务内容的能力，避免不必要的协议转换，以减少公用网带宽的浪费。

（3）拓扑结构。

根据协议，选择与之相应的拓扑结构。结构的选择应综合考虑由于现在和未来业务的处理、需要提供的业务（窄带/宽带，单向/双向）以及用户的增加所带来的短期利益和长期利益。

（4）业务、特性和功能要求。

用户的业务、特性和功能因使用的协议不同而不同。如基于虚路径标志（vHVPI）和虚信道标志（VCI）的业务依赖于ATM 的协议。如果 ATM 的协议改变了，业务也会随之改变。因此在设计接入网时应考虑由协议提供的业务、特性和功能。

（5）接入路由的多样性。

宽带网用户与外界通信的接口只有一个。如果这个接口出了问题必然会影响用户与外界的通信。因此在设计接入网时应能提供一条额外的接入链路，以防意外。

2. 拓扑结构

在接入网环境中，网络的拓扑结构关系到网络的效能、可靠性、经济性和适用性，所以有着十分重要的意义。网络的拓扑结构可以分为物理配置结构和逻辑配置结构。物理配置结构指实际网络节点相传输链路的布局，反映了网络的物理形状和物理上的连接关系。逻辑配置结构指各种信号通道（如光波长、信元位置、时隙和频率等）在光纤中使用的方式，反映了网络的逻辑形状和逻辑上的连接性。

下面从物理配置结构的角度出发介绍几种接入网环境下的拓扑结构。

（1）星型结构。星型结构也叫点对点星型结构，如图 3-23 所示。

在接入网环境中，各个用户最终都要与本地交换机相连，业务量最终都集中在本地交换机这

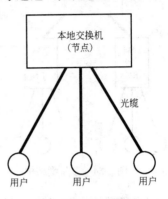

图 3-23　星型结构

个特殊节点上，因而光缆接入网同样可以继承传统的电缆接入网的星型结构。

星型结构的优点：

1）与现有电缆接入网结构、电缆管道结构兼容。

2）每个用户都有一专用光纤与端局相连，因而用户之间完全独立，为某一用户提供特殊需要的业务时不会影响他人，同时限制了非法接入，保密安全性也较好。

3）星型结构为纯无源网络结构，更新升级简单，仅更换端局和用户侧的有源设备就可。

星型结构的缺点：

1）由于每个用户都需要有专用光纤连接，光纤和光源等无法由多个用户共享，因而该结构成本高。

2）从端局出来的光纤数量很大，光纤接头费时。

由于以上特点，星型结构适合传输距离较近，用户较多，可靠性和准确性要求较高的应用场合。

（2）多星型结构。

多星型结构也叫分布式星型结构。这种结构是把传统的电缆接入网的交接箱换成远端节点（RN），如图 3-24 所示。

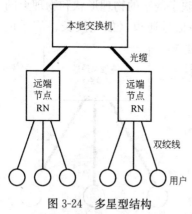

图 3-24　多星型结构

RN 可以采用有源电子设备，也可以采用无源器件，若干用户经过多路复用和 RN 相接，完成选择通路、交接处理工作，最终接入本地交换机。

为了克服星型结构成本高的缺点，通过向新设的 RN 分配一些复用功能或附加一些交换功能来减少馈线段光纤的数量。

多星型结构除了继承了星型结构的优点之外，还有下述优点：

1）多个用户可以共享光源及馈线段乃至配线段光纤，并采用了交接选通，因而提高了接入线路利用率，使多星型结构的网络成本大大降低。

2）传输距离远，服务的用户数量多。

多星型结构的缺点：

1）外部现场为有源电子设备，因而维护工作复杂，安全可靠性低。

2）有源电子设备的应用使网络缺乏业务透明性。当需要开放新的不同带宽的业务或不同传输业务时，有源电子设备的设计得全部修改才行。

因此，多星型结构适合于传输距离较远，用户密度较高的场合，如果远端节点采用 SDH 复用器的双星结构，不仅覆盖距离远，更容易升级至高带宽。

（3）树型结构。

树型结构也叫分支结构，适合于单向广播式业务，如 CATV

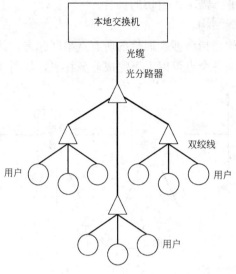

图 3-25 树型结构

网。图 3-25 为无源光网络技术的树型结构。

树型结构的优点是：

1）由于外部现场为纯无源网络结构，因而使网络对传输信号的制式和带宽、波长和传输方法没有任何限制，适应于未来新业务的引入。

2）由于现场没有需要维护的有源电子设备，减少了维护工作量。

3）用户可以共享馈线段和配线段光纤以及端发送光源，因而经济性好。

树型结构的缺点：

1）树型结构的上行传输大多采用时分多址接入技术，使每个用户的上行带宽受限，因而这种结构主要适合于窄带双向业务的单向广播业务，而不太适合双向宽带业务。

2）用户侧收发设备较复杂，保密性较差。

树型结构以其最经济的优势，适合目前仅有电话业务需求而对双向宽带业务需求不迫切的场合。

（4）总线结构。

总线结构是指将涉及通信的所有点串联起来，并使首末两个点开放，中间各个点可以上下完成业务往来，如图 3-26 所示。

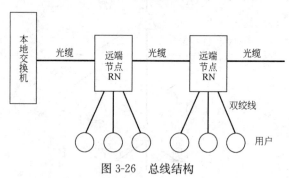

图 3-26　总线结构

总线结构的特点：

1）全部传输设施可以为用户共享，从端局发出的信号可以为所有用户所接收，每个用户根据预先分配的时隙挑出属于自己的信号。

2）接入网引入 SDH 分插复用器（ADM）后，使总线结构具有十分经济灵活的上下低速业务的能力。

3）节省光纤并简化设备。

（5）环型结构。

环型结构是指将涉及通信的所有点串联起来，没有任何点开放，形成一个闭合的环路，如图 3-27 所示。

环型结构的特点：

1）节约了传输线路。

2）利用分插复用器（ADM）作远端节点（RN)，可以构成各种可靠性很高的自愈环型网结构。由于所有用户的集中处都设置了 ADM，所以可任意上下各种低速支路信号和业务信号。

3）利用 SDH 的同步复用和软件可以灵活方便地安排业务，使按需动态分配网络带宽的实现成为可能。

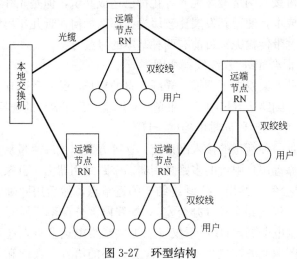

图 3-27　环型结构

环型结构适用于带宽需求大、质量要求高的场合和接入网馈线段应用。

由于宽带通信设计要求和光纤等大容量新技术的出现，使得许多拓扑结构成为接入网设计的考虑对象。以上是从物理配置结构的角度介绍的几种实用光纤接入网，实际网络的拓扑结构是多样化的，由物理配置与逻辑配置相结合演变出来的拓扑结构也有很多，诸如：

1）物理星型/逻辑星型；

2）逻辑星型/物理环路型；

3）物理环路型/逻辑环路型；

4）总线/星型和总线/总线型。

受篇幅限制这里不再介绍，有关这几种结构的特点和应用情况请查阅有关资料。

四、宽带接入网的物理传输媒质

早期的接入网络是纯双绞线铜缆接入网，接入环路户传送的是 3.4kHz 的语音信号，这种现象严重阻碍 BISDN 的发展。虽然人们对接入网络最终纯光纤化都已达成共识，但是光纤和光端机的高成本，使得其发展比较缓慢。那么如何在近几年里解决接入网的宽带传输呢？目前有两种基本的过渡方案。

1. 混合光纤/双绞线铜缆网

这种方案发挥了铜缆、光纤各自的特长，是一种既现实又可解决光纤到路边（FTTC）和光纤到远端（FTTR）的选择。

2. 混合光纤/同轴电缆网（HFC）

这是一种新型的接入网系统，这种方案把光纤尽量从交换局铺设到靠近用户附近的多路复用器。多路复用器由一群家庭用户（单位办公室）共用。光纤终结于临近节点，然后用同轴电缆把信号进一步送到家庭（办公室）。配线网部分保留了原有的树型模拟同轴电缆网。HFC不仅可以提供窄带电话业务，还可以提供宽带图像业务，包括CATV业务以外的语音、数据和其他交互型业务，HFC是CATV网和电话网结合的产物。

上述两种方案无论哪一种，都是解决"最后一公里"的演进手段，向FTTH（光纤到家）、FTTO（光纤到办公室）作过渡的问题。

第七节　ATM现状及技术展望

一、ATM面临的若干问题

ATM问世以来，以其灵活的带宽控制和保证QoS的宽带应用，促进了ATM网络的发展，很多国家都建立了基于ATM技术的宽带网络，我国一些研究机构和应用部门也已经研制了ATM设备，安装了ATM网络。虽然ATM抓住了其发展的机遇，目前已有良好的势头，但是作为一种新技术，ATM还正处在发展阶段，很多问题仍然是有待解决的。

1. 统计复用带来的信元瞬时丢失

ATM是面向连接的传输服务，允许接入的用户数大于按峰值速率分配的数。如果这些信源一旦同时发出信息，必然是很多信元争用同一链路，导致的结果可能是大于交换机队列存储容量的信元同时争夺该队列，使得部分信元在统计复用时丢失。如何将信元的丢失限制到最小，如何解决在突变的速率峰值区正确地处理交换，如何减少队列长度及延迟都是有待研究的问题。

2. 多目标控制增加了系统的复杂性

宽带网络覆盖业务的范围十分广泛，允许接入的业务有不同形式。可是每一种媒体都有不同的服务质量要求，且要求相差甚远。语音忌讳时延，数据忌讳误码率，而视频对时延和误码率均有很高要求。宽带网络必须支持多速率交换和多点交换，因而这是一个兼顾各种业务要求，多目标的控制问题，与传统的单一目标控制网相比要复杂得多。如何使这种复杂问题简单化还需要一定的努力。

3. ATM 网络的路由选择问题

由于 ATM 网中传输的信息种类繁多，有目前在电话网中传输的数据，有大量的静态、动态图像信息等多媒体信息，这就决定了不能直接采用电信网或计算机网中的路由选择方法。因此，ATM 网中的路由选择问题也有待于进一步研究解决。

4. 用户接口的简化问题

ATM 技术把物理层以上大部分协议所执行的功能都移到端设备中去完成，仅保留信元的概念以简化交换节点的处理，提高传输能力。应该注意的是，这里的端设备绝不能是终端用户的设备，只能是 ATM 网的端设备。也就是说，不能把从交换节点移走的功能推给用户来完成。ATM 网的管理者，即服务的提供者应当在 ATM 网的入口处设置专门的访问设备来完成这些功能，由此来掩盖 ATM 技术的复杂性，向用户提供熟悉的较为简单的接口。

5. IP 对 ATM 的挑战

以 IP 技术为核心的 Internet 网络的超常发展使 Internet 无处不在。对 IP 协议来说，底层是透明的，它对底层协议没有特定的要求，可以与任何底层协议同运行，IP 数据包既可以在以太网上跑，也可以在 ATM 网上运行。而且 IP 协议和以太网协议的亲和性要好得多，因为它们都是无连接的协议，而 IP 数据要通过 ATM 网就会麻烦得多。此外从 IP 协议角度来看，ATM 只不过是众多广域网（WAN）传输技术中的一种，目前它可能是性能最好的，但并不排除将来出来性能更佳的、与 IP 技术更容易结合的 WAN 传输技术。

因此，作为目前被电信界如此看好的 ATM 技术，如不能正视自身的不足并尽快加以解决，就不能很好地发挥其固有的优势，甚至有可能丢失其在通信领域的一席之地。

二、ATM 网与千兆以太网技术比较

ATM 网络的应用对以太网和快速以太网原有的地位形成了巨大的冲击，迫使千兆以太网技术很快问世，并和 ATM 网形成了激烈的市场竞争。在局域网（LAN）环境中，尽管目前千兆以太网每个端口的成本比 ATM622Mb/s 低得多，甚至比 ATM155Mb/s 也要便宜，而且网管和操作的复杂度也比 ATM 网络小，然而，在很多技术性能方面，ATM 网将比千兆以太网优越，其优越性表现在以下几个方面：

（1）千兆以太网在本质上没有有效处理不同服务类型和服务质量信元的能力。由于其分组长度可变（64～1500 个字节），且是非连接的，尽管可通过支持资源预定协议（RSVP）来提供信元保证，但 RSVP 只是逐段信令协议，难以实现 ATM 网那种真正明确的端到端信元保证。

（2）千兆以太网的实际带宽仅能使用 300～400Mb/s，而 ATM622Mb/s 却具有极高的有效使用带宽。

（3）在传输介质和传输距离上要比千兆以太网好，目前千兆以太网链路的最大长度为 300m，或者可以用 5 类电缆连接，而 ATM 网的单模光纤可达数英里，若采用 SDH 传输，距离会更远。

（4）千兆以太网和 ATM 网都可以通过虚拟网（VLAN）来控制无效广播信息的蔓延，并实现数据量的分流，但由于 ATM 网对通信连接的控制能力更加灵活一些，所以基于 ATM 连接的 VLAN 显得更加有效。

由于千兆以太网本身固有的系统结构和容错能力不足以充当网络骨干，目前普遍认为，它可应用于 ATM 主干网的边缘网络。在目前广泛使用的大多数 LAN 中，由于一般不支持实时业务，仅提供较单一的传统的非实时数据业务传送，考虑到应用上的兼容性和投资，千兆以太网技术可能会获得相对短期的繁荣，而 ATM 技术以其灵活性、多业务的综合性和不断成熟性将在未来广域网中占相对长期的统治地位。

三、ATM 与 Internet 融合

国际互联网络（Internet）以其网上信息资源丰富、互联方便以及网络成熟的优势，先占领了市场，但是 Internet 主要用于数据通信，难以提供语音、交互式视频、图像等通信业务。尽管 ATM 网络的迅速发展对 Internet 网络有较大的影响，但 ATM 不可能将 Internet 网络取缔以建上一个全新的网络。事实上，如果将 ATM 技术引入到 Internet 网路中，倒是可以有效提高信道带宽，支持各种实时和非实时的业务，这正是 ATM 走向实际应用的最佳道路。所以，ATM 网络的发展策略应该是与 Internet 的"共存和过渡"。

在 Internet 网络中目前有两个阻碍其发展的因素，一个是信息传输速率较低，另一个是提供的业务类型还不够丰富，这两个问题将制约着 Internet 的发展。ATM 作为新一代的交换和传输技术可以用于提高 Internet 主干传输和用户接入速率，解决 Internet 带宽的问题，从而给 Internet 注入新的曙光。1995 年美国开始应用 ATM 技术建立新一代的高速国际互联网络，称之为 Internet-2，使 Internet 的主干网络的传输速率提高到 155Mb/s。可见，Internet 与 ATM 两种技术的结合一方面可以缓和、减轻

以致最终解决 Internet 网络信道上传输拥挤的现状，另一方面为 ATM 技术的真正推广和实现提供了很好的网络市场。

目前，ATM 与 IP 融合的技术，即交换与路由相融合的技术被称为第三层交换技术。根据协议的分层结构和在 ATM 网络上发送 IP 分组的方式，可把实现第三层交换技术的方法分为两种模型：叠加模型和集成模型。

1. 叠加模型

叠加模型是指 IP 协议由 IP 路由器实现，ATM 路由协议由 ATM 网络实现。ATM 网上的终端系统需要两个地址，即 IP 地址和 ATM 地址。IP 数据包在 ATM 网络中传输时，必须经过地址解析才能完成寻址。这种模式标准化工作较为完善，但效率较低。

2. 集成模型

集成模型是指 IP 协议和 ATM 协议集成在一起，使 ATM 交换机与 IP 路由器合二为一，仅使用 IP 地址，不需要地址解析，由此简化了 ATM 路由选择过程。

可以看出，通过 ATM 的支持，可以加强 IP 的服务性能，而同时 Internet 为 ATM 业务的全面展开也起到了推动作用。新的电信信息表明，IP 正尝试着向 ATM 靠拢，ATM 的生产厂家也正在做转向 IP 的准备，ATM 交换和 IP 路由设备的界限将会越来越模糊。不过 ATM 是面向连接的技术，而 Internet 是面向无连接的技术，各自都有其信令、寻址、路由规程，所以完成两者互联的技术任务还很艰巨。

四、宽带通信网展望

现有的 ATM 技术将从哪个方向发展、完善是人们关心的前沿课题。下面我们从几个不同角度出发进行探析。

1. 光技术的应用

（1）电交换向光交换过渡。

应用光技术通信仍然大有潜力可挖。为了将宽带业务普及，交换系统应能够提供更多用户的用户-网络接口，即每个接口的速率可能会超过目前的 150Mb/s，这样就要求有一个能够以多种千兆比特速率处理上千个甚至更多端口业务的交换机。现有的以电子交换矩阵为主的交换方式已很难适应其高速、宽带的传输。解决交换机的带宽瓶颈问题、实现高速交换的唯一方法是将光技术引入到交换中，使传输与交换进入一个完全的光领域。目前已有专家投入全光网络 ATM 交换机的研究。

所谓光交换（Photonic Switching）是指对光纤传送的光信号直接进行交换。图 3-28 描述的是一种光输入缓冲 ATM 交换机示意结构。

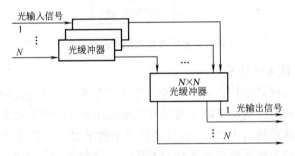

图 3-28　光 ATM 交换机结构示意

该交换机由光先入先出（FIFO）缓冲存储器及一个 N2 光自选路由电路组成。当把不同 FIFO 缓冲存储器来的发往同一目的地的信元同时送到自选路由电路时，具有最优先权的信元将实现自选路由，而其他的信元信号将被拒绝，以防止信元竞争。高速光缓冲器可能会具有将串行信元信号转变成并行信元信号及使用大规模地并行光互联的功能。

目前已进入研究的光交换系统有：空分光交换、时分光交换、波分光交换和复合型光交换等。其中时分光交换（Time-Division Photonic Switching）方式的原理与电子程控交换中的时分交换系统完全相同。因此，它能够和时分多路复用的光传输系统匹配，可以时分复用各个光器件。波分光交换（Wavelength

Division Photonic Switching）方式能充分利用光路的宽带持性，获得电子线路所不能实现的波分型交换网。

（2）传输系统使用光中继器。

目前的光纤传输系统中需每 100km 设置一个电中继器，并且输入中继器的光信号要转变成电信号，然后由中继器放大电信号的能量，在输出口再变回光信号。这种电光的转换必然引发时延和损耗，为了避免这种时延和损耗，一种光中继器也正在研究之中。图 3-29 给出了这种中继器的示意图。

图 3-29　光中继器或光放大器示意图

2. 接入网技术

接入网是电信公司或有线电视公司专业户的直接接触点，电信公司对其改进的策略主要是开放图像业务。铜缆上的非对称数字用户线系统（ADSL）和甚高比特率数字用户线系统（VDSL）以及光缆上的光纤环路系统（FITL）、交换式数字图像（SDV）和 BISDN 接入都是其改进技术。有线电视公司的改进策略则是在 CATV 网上提供双向业务（主要是电话）、无线接入业务和数据业务。

（1）纯光纤接入网。

宽带业务的需求是发展以 FTTH、FTTO 为基础的宽带接入网的主要推动力。FTTH、FTTO 消除了 FTTC（光纤到路边）中的金属引入线 HFC（混合光纤/同轴同）中的同轴电缆，避免了金属缆的腐蚀问题，减少了故障率和维护工作量。此外，在 FTTH、FTTO 方案中，光网络单元（ONU）安装在室内，不必经受室外的恶劣环境条件，故可采用低成本元器件，减少投资费用。预计 FTTH、FTTO 的发展将呈稳定上升趋势。由 FTTH 发展至 FTTH 可以有多种方式，比如，波分复用

（WDM）和时分多址接入（TDMA）。

（2）无线接入网。

无线接入网以其经济和灵活特性受到人们的青睐。对于低密度的分散小用户群以及有地理障碍的地区，无线接入网将占有重要地位。

3. 宽带无线 ATM 技术

通用移动通信系统和无线局域网有时已不能满足所有数据用户的需要。蜂窝电话、笔记本电脑的迅速普及以及国防、野战的需要都在呼唤宽带无线技术。

目前宽带无线网已有几种互相竞争的技术方案，如面向电路的个人通信系统（PCS）和蜂窝技术、高速分组无线局域网、宽带无线 IP 技术、宽带无线 ATM。

宽带无线通信采用基于 ATM 的传输技术与交换技术是一种比较好的选择方式，因为借助于 ATM 交换技术可方便地与 BISDN网络互联与互操作，从而支持无线环境下的综合业务服务。此外，ATM 以其机动灵活的频带分配技术可为无线用户提供端到端的服务。

（1）无线 ATM 协议结构。

为了达到有线网和无线网的无缝互联，无线 ATM 网络应采用与固定 ATM 网对应的协议结构。但与固定 ATM 网高质量传输介质相比，无线 ATM 网络要对付信道高比特误码率（BER）并考虑多址协议等问题，一种可取的方式是在 ATM 平台上采用新的无线子层协议。其具体做法是在现有的固定 ATM 网络协议结构中为无线信道制定特定的协议子层。如增加介质访问控制层（MAC）、数据链路控制层和无线网络控制层，如图 3-30 所示。

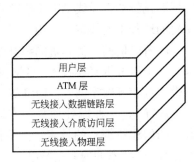

用户层

ATM 层

无线接入数据链路层

无线接入介质访问层

无线接入物理层

图 3-30 无线 ATM 网络协议参考模型

信元格式需增加一个无线信头和信尾，其他将继续使用规则的 ATM 网络层及一些控制业务，如呼叫建立 VCI/VPI 寻址、信元优先等级、流控信息等。在 ATM 网络信令协议之中还应增加适应无线移动通信的功能，如地址登记、越区切换等。

（2）无线 ATM 网络的体系结构。

无线 ATM 网络参考结构的主要组成部分应该由无线 ATM 移动台（终端）、无线 ATM 终端适配器、无线 ATM 基站、移动 ATM 交换机、固定 ATM 网络、标准的 ATM 主机组成，如图 3-31 所示。

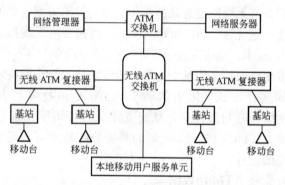

图 3-31　无线 ATM 网络结构示意

宽带无线 ATM 技术将宽带业务延伸至无线移动网络，使宽带互联领域又具有了一个崭新的前景。随着宽带无线 ATM 技术的标准化，宽带无线 ATM 技术一定会走向成熟，在实现社会信息化的过程中发挥重要作用。

随着电信网、计算机网和电视网技术的发展，三网最终都将合为一个以宽带交换技术 ATM 和宽带传输技术 SDH 为基础的宽带综合业务数字网——BISDN，实现三网合一。

ATM 是一种能处理复用在同一网络上所有类型业务（语音、图像和数据）的技术，按不同业务需要实时地重新分配带宽。ATM 技术的内容是给出一套对网络用户服务的系统，该服务系统由 BISDN 协议参考模型的定义给出。协议为现有和未来具有统一结构的网络定义了复用和交换方法，而该网络的物理传输层又得到高速大容量的同步光纤网（SONET）或同步数字系列（SDH）的支持。由于ATM具有很好的语言透明性和时间透明性，可以根据不同业务应用的特殊要求提供适合多种服务质量要求的协议设计。因此，ATM的复用和交换方法将支持广泛的业务。

BISDN网络协议结构分成用户信息传输、控制信令和系统管理三个部分。其中用户信息传输完成用户之间不同媒体信息在要求通信质量下的传送；控制信令完成用户通信的连接建立和拆除；系统管理完成网络的测试、系统配置、性能监测、故障处理等维护管理工作。

ATM用最简单的方法把信息分割成相同长度的信元格式。由于信头只有很少的几项功能，从而简化了ATM网络交换处理的功能。

交换结构是制约ATM网络规模和性能的关键。所以宽带ATM交换机必须能够交换多种信息速率的业务（从几kb/s到几百Mb/s），未来的ATM交换机能够交换的最高速率应在Gb/s数量级。ATM交换机主要由三部分组成，其中入线处理对各入线上的ATM信元进行处理，使它们成为适合送入ATM交换单元的形式。交换单元完成交换的实际操作，将输入信元交换到实际的输出线上。控制单元控制ATM交换单元的路由选择，即VPI/VCI转换。出线处理则是对交换单元送出的ATM信元进行处理，使它们成为适合在线路上传输的形式。ATM交换机必须能够支持"三多"通信，即多速率、多点和多媒体通信。

在网络结构方面，ATM网络以星型拓扑结构为主，另外还可以构造其他任意网状的网络拓扑结构。一个网络和一个终端之间必有一个能正确实现相互操作的用户-网络接口（UNI）。为了建立更大的ATM网络，两个网络之间需要有可交互操作的网络节点接口（NNI）。

在信令方面，基于ATM的BISDN信令部分完成协议参考模型中控制面的功能，根据信令所处的位置不同，BISDN 信令控制可以分成两类协议：用户-网络接口（UNI）信令和网络节点（NNI）信令。承载信令协议的信元在一条特殊的 VCC（虚信道连接）上传输。传送方式采用带外信令方式，是通过特殊的 VCI（虚信道识别码）进行标识的，保证 ATM 网络间的互操作性。

在接入网方面，接入网正朝着更高带宽、SDH 兼容和增加双向通信能力的方向发展。光纤接入环路 FITL 必定是接入网络的最终形式。目前的接入网选混合光纤/双绞线铜缆网和混合光纤/同轴电缆的接入方案是比较好的选择。

在本章的最后讨论了 ATM 与 Internet 的关系。ATM 和 Internet 都是目前最先进的技术，是建立全球通信网的关键。ATM 解决了信息高速、高质量的传输问题，Internet 解决了网络互通问题，如果将两者融合、互补，充分发挥其优势，那真正意义的信息高速公路就会离我们不远了。

第四章　电磁兼容

第一节　智能建筑的电磁环境概述

在智能建筑中，各种电子、电气设备运行时产生各种电磁波，这种电磁波对于电子设备和人体造成了一定的影响，严重时会干扰电子设备的正常工作，对人员的健康也会造成一定的危害。因此，要求智能建筑中各种电子、电气设备能够符合电磁兼容性标准。

下面我们对智能建筑的内部和外部存在的各种电磁干扰源及其危害简单总结如下：

1. 建筑物内部和外部的电磁干扰源

（1）自然干扰源。包括大气噪声和天电噪声。大气噪声指雷电和局部电磁干扰源；天电噪声包括太阳噪声和宇宙噪声。

（2）人为干扰源。分为功能性和非功能性的干扰源。

2. 电磁干扰源的危害性

（1）雷电会对各种电气设备造成损害和干扰。

（2）配电设备开关在分、合闸时会产生强烈的电磁干扰。

（3）电力线在工作时会产生强烈的电磁干扰。

（4）射频设备在工作时会产生电磁波辐射。

（5）电气设备中的非线性元器件，使线路产生谐波造成干扰。

（6）工作场所静电对电子设备的干扰。

（7）射频辐射和微波辐射的影响。

第二节　电磁兼容的基本原理

多个电气和电子设备工作在同一环境下，如果每个设备产生的电磁噪声不影响其他电气和电子设备的正常工作，我们就称这些电气和电子设备是电磁兼容的。电磁兼容（EMC）是我们希望并需要得到的一种设备正常工作的电磁环境。

当一个电子设备受到一个不希望有的电压或电流的影响，从而影响到设备的正常工作时，我们就说存在电磁干扰（EMI）。通常这些不希望有的电压或电流是通过传导或电磁辐射的方法到达敏感性电子设备的。电磁兼容设计就是通过设计改变或调整信号和噪声的信号电平，从而使各种设备能协调地正常工作。

一、电磁干扰信号产生的原因以及传输方式

电磁干扰产生的原因，既有从系统内部产生的，也有从系统外部产生的。一个系统包括有关的设施、设备、器材以及在环境中的工作人员。

在系统内和系统之间的电磁干扰中，一个共同原因是：设计用于某一电路的信号到达了另一个不需要某一信号的电路之中。表 4-1 列出了在一系统内可能出现的电磁干扰及受影响的敏感设备。在表 4-2 列出了系统间产生电磁干扰的原因。

系统内的电磁干扰　　　　　　　　　　表 4-1

干扰源	敏感设备	干扰源	敏感设备
汽车点火系统	显示器	计算机	计算机
电源	继电器	雷达发射机	雷达接收机
电动机	导航仪器	无线电发射机	无线电接收机

所有以上所述电磁干扰的原因可以归纳为三个因素：产生了不需要的干扰源；产生了不需要的传输路径；产生了不需要的信号响应。

电子设备的电磁兼容特性可以按照电信号的传输方式进行基本的分类。一类是有线传输，一类是无线传输。有线传输借助于导体传送电信号，此处的导体包括低频电路中的集中元件，例如电容、变压器等，也包括常规的导线等等。无线传输通常表示信号是通过非导体传送的，传输的机制可以是近场感应，也可以是

干 扰 源	产生干扰的原因
雷达发射机	发射能量泄漏到接收机
信号发生器,计算机时钟快速继电器、脉冲发生器	固定频率连续波产生干扰及由于脉冲波形的电流、电压上升前沿陡峭,含有丰富的高次谐波引起感应
电源频率交流声、时钟序列重复交流声、扫描电路频率交流声	交流声进入系统后,开始时电压很低还不能形成干扰,而经过系统后被逐级放大而形成干扰
电动机	电源接线端上会产生传导干扰电压
荧光灯、气体放电灯	电击穿瞬间会产生射频噪声
机动车干扰	因为车上使用交流发电机、电磁线圈及点火系统,这些设备产生传导干扰
计算机、数据处理机、数字式仪表	因为这些设备中有:电动机、整流器、继电器、电磁铁、步进开关、荧光灯、高压汞灯等产生干扰引入电源线,计算机电磁泄漏
静态功率设备	脉冲式电流产生传导干扰
高频设备、微波设备	引起电磁辐射,微波干扰

远区辐射场。

一个干扰源根据干扰信号的传输路径可分为有线传导的干扰源和无线辐射的干扰源。而敏感设备可分为受有线传导干扰的敏感设备和受无线干扰的敏感设备。

传导干扰信号的测量通常由电压和电流来表示。电压的单位有伏特（V）、dBV、dBmV；电流的单位采用安培（A）、dBA、dBmA 等等。辐射干扰的度量由场强来表示，其单位为伏特/米（V/m）、dBV/m、dBmV/m 等。

在传导干扰中，信号的耦合有电导性、电容性以及电感性三种。电导性耦合是由于元器件或导线之间的欧姆接触；电容性耦合是由于在元器件之间或导线之间存在着分布电容；而电感性耦合是因为导体之间存在着互感。所有这三种耦合可以用转移阻抗来描述。转移阻抗定义为敏感体测得的电压与干扰源的干扰电流之比，即：

转移阻抗＝敏感体上的干扰信号电压/干扰源上的干扰信号

电流

转移阻抗通常是用于描述四端网络的特性，它是以上所述三种耦合中的一个或它们的某种组合。

信号的频谱是电信号传输过程中一个非常重要的方面。将所需要信号和干扰信号及噪场分隔开来的一个重要方法是利用它们之间的频谱上的差别。对一周期的电信号总可以分解为一个或多个谱分量。非周期信号也总可以表示为谱的分量形式（有时采用能谱的形式）。

由于频谱在系统间的电磁兼容方面具有非常大的重要性，所以有专门的组织或机构来制定频谱的使用标准。在我国是由国家无线电委员会来制定。无线电委员会根据国际标准、国内标准分配频谱资源。

从频谱分配的角度，全世界分为三个区域，它们分别是：

第一区：欧洲、非洲、亚洲的部分地区、阿拉伯半岛；

第二区：南美洲和北美洲；

第三区：澳洲和亚洲的大部分地区。

当电磁干扰问题产生时，必须同时存在以下几个因素。它们是：

a）电磁信号的干扰源；

b）受干扰源影响的敏感体；

c）存在从源到敏感体的耦合路径。

二、传导干扰源及其性质

在通信电子设备中，产生传导干扰信号的电路有许多种形式。这些信号可以具有不同的功率电平，其波形有各种不同的形状，因而频谱的分布范围也不一致。下面我们分析常见的电路及可能产生干扰信号的性质。

1. 电源的开关电路

在通信设备中，通常都要接有电源。每当电源打开或关闭时，电压或电流都要发生突然的变化，这个突然的变化会对设备本身或其他设备产生干扰。

2. 整流电路

通信电路中的整流电路伴随着信号波形的变化，因而会引起一些不需要的信号分量。整流电路的输入信号形式通常为正弦交流电，输出信号则为脉动信号形式。其信号只存在正电压。

3. 交流信号本振电路

在通信系统中，由于调制和解调的需要，往往需要有一个本振电路。本振电路产生一固定频率的信号，这一信号也会对其他电路产生干扰。

4. 方波振荡电路

数字电路中，经常需要不同周期和幅度的脉冲源。比如常见的时钟信号，它由固定周期的矩形脉冲所组成。

5. 通信系统中的调制电路

在通信系统中，有各种各样的调制电路。通常调制以后的信号并不限于规定的频带内，有一部分信号能量落在频带以外。这些不需要的信号对其他电路和设备产生干扰。

三、辐射干扰源及其性质

1. 辐射干扰的概念

辐射干扰是通过传输介质由电磁场产生的干扰。电磁场的能量来自辐射源并按照电波传播规律在空间扩散。

辐射能量是否影响周围的设备或降低设备的性能取决以下几个因素：

（1）干扰扰源的方向性；

（2）从源到设备传输中的衰减损耗；

（3）设备的敏感特性。

电磁辐射能量可以各种形式从设备或系统中辐射出来，它们包括：

（1）从器件外壳。在此情况下，外壳材料的设计不能充分衰减所包含的电磁能量。

（2）从器件外壳的不连续点产生辐射。在此情况下，对于电磁干扰而言其机械密封是不完善的。

（3）通过外壳辐射。此时的原因是外壳没有很好地接地。

（4）与器件相接的连接电缆产生的辐射。

（5）某些不正常的条件（腐蚀表面，电导放电，器件上的积累电荷，绝缘击穿等等）。

（6）一些安装不当的连接件。

（7）通过编织线屏蔽产生的泄漏。

2. 电磁场对人体的影响

电磁场对人体有影响，这是人所共知的，但电磁场对人体有有利的一面，也有有害的一面。

（1）电磁场对人体的益处。

无数大量的实例表明：电磁场在低频、几千赫兹到几吉赫兹的范围内，以适当的方式和时间作用于人身体的各部位及器官后，可以治疗多种疾病。如 STM-3 型治疗机，频率为 2.4kHz 和 7kHz 交替使用，10W 辐射输出，作用于人体后，对植物神经系统疾病有明显疗效。在超短波和短波范围内也有大量的相应治疗设备应用于临床收到明显效果。尤其是在微波波段。它的临床应用就更为广泛。如应用微波治疗仪治疗冠心病心绞痛，取得良好效果，微波电磁场在治疗前列腺肥大症，效果极佳。又如微波治疗外耳道炎、肩周炎、慢性骨髓炎等都有一定疗效。周林频谱仪，利用不同的频谱对人体不同的部位有不同的疗效，对人体的许多疾病都有良好的治疗效果。周林频谱仪销量很大，受到广大患者的欢迎。

医学上的"电疗"，是对人体某些部位加上适当的电压，将电流引入人体产生某些治疗作用。有时用较高电压进行"电疗"，一直是精神病院治疗精神分裂症重症病人的有效手段。当直流电通过人体组织时，会引起人体内一系列的物理化学变化及离子转移。如电极作用下，肌体内带正电的正离子趋向负极，而带负电的负离子趋向正极，在负极附近，出现细胞疏松，蛋白质分子产生运动等现象，从而提高了人体组织的兴奋性，在正极附近，细胞膜致密，组织的兴奋性降低，这又具有镇痛作用。另一方面，在直流电的影响下，细胞的新陈代谢作用加强，血管扩张，血液循环加速，对血栓病人起到有益的作用，又能使毛细血管的渗透性加强，加快对炎症的吸收。

医学上用"磁疗"仪治病，即是给人体加上一个"外磁场"，使人体的分子电流磁矩产生"取向运动"，使分子电流流向一致，加强电流强度，达到磁疗的目的。

由此可见，电磁场对人体有许多益处。微弱电流也会给人体带来好处，甚至有"治疗"作用。

整个地球也是一个大的电磁场，人生活在地球上，也是生活在这个电磁场的空间。人们和这个空间是相兼容的，从某种角度说，是不可缺少的，它是人类赖以生存的环境。如果人类生活在一个没有电磁环境的空间里，必定会引起身体机能紊乱，造成"电磁饥饿"。而适当利用电磁场，则有利于人的生存，也会有利于人体的身体健康。

（2）电磁场对人体的危害。

由于科学技术的进步，无线电通信设备、电工电子设备的大量应用，设备的发射功率日趋增强。据设计，全世界发射机功率每 5～10 年增大一倍。由此引起强电辐射和感应电压对人体的危害，已成为人们十分关注和担忧的问题。

当人体吸收了高强度的电磁辐照之后，就会产生极化和定向驰豫效应，分子的振动和摩擦会使人体温度升高，人体的调节功能不能适应的某些部位，即会产生不良影响。电磁辐射会使人体产生一些生理变化，因为电磁场可使人体分子自旋轴向发生偏转。或使体内电子链出现反常排列，促使体内电磁阵列改变。人体对电磁波有一部分被反射，有一部分被吸收，电磁波就会产生对人体的影响。长期操作电脑的妇女患乳腺癌的统计数字增加，因为电磁辐射会减少女性大脑松果体内激素的产生，迫使体内雌性激素排放速度加快。长期在荧光屏前工作的妇女，流产的人数增加，还有畸形婴的人数增多。无线电功率被大脑和心脏吸收引发的后果，人们正在高度重视并进行研究，综合以下几个方面：

（1）生物体各部分组织对电磁波的反射、透射及吸收等传播特性的研究。

（2）电磁波与生物体耦合特性的研究。

（3）能量在受照体体内的分布、沉积及引起的温度变化。

（4）生物体生理、生化、遗传、行为等变化的现象和其机理以及这些影响与照射电磁波的频率、功率之间相互关系的研究。

（5）手机对人体的生态效应的研究。

（6）人体对电磁场能量的吸收及体内温度分布的研究。

（7）电磁波，尤其是 VHF 段对神经系统、生殖系统、心血管系统、血液及免疫、癌变等现象的研究。

（8）静电场对生物的影响的研究。

（9）微波能量吸收的研究。

目前的研究表明：高强度的电磁波照射人体后，被吸收的辐射能量使其产生极化和定向驰豫效应，这种效应在微波段更为明显。它有可能引起骨髓细胞染色体畸形、非特异性免疫功能降低，白血球和血小板减小，对中枢神经系统产生影响。

电磁辐射对眼睛的影响，有如下两个方面：

（1）微波引起眼睛的损害，原因是急速的温度变化率对人眼的刺激。

（2）有一个微波功率密度阈值，形成白内障的时间阈值曲线和功率密度有关。在 500MHz 以上，白内障形成的最小功率密度约为 $150mW/cm^2$（100min 内），而且低于 500MHz 的频率引起眼睛损害的可能性不能完全排除。用相同的平均功率密度的脉冲波和连续波辐射，同样具有诱发白内障的可能性。

电磁辐射对性机能会产生影响。在大功率雷达站工作的男性，据统计不育率高。研究表明，微波辐射对睾丸的损害是比较严重的。对于女性影响也是不容忽视，妇女的月经周期紊乱、流产、畸形胎儿、甚至死胎，这些都不得不考虑，与电磁辐射的吸收存在一定的关系。微波辐射还对人体产生其他特殊的生理影响。

所以说，电磁兼容技术是一门多学科、理论性很强、技术复杂的科学。它是一门综合性的学科。

电磁兼容技术的开发与研究，必然会给社会带来重大的影响，严重地说，它影响到人类的生存和发展。

四、电磁脉冲（EMP）

电磁脉冲是一种特殊的电磁辐射源，其特点是辐射强度大，频谱宽。电磁脉冲（EMP）是由电磁场的瞬态变化产生的。通常将电磁脉冲分为三类，它们分别是：由电气设备或系统产生的电磁脉冲（SGEMP）；由闪电产生的电磁脉冲（LEMP）；由核爆炸产生的电磁脉冲（NEMP）。

下面我们分别讨论前两类脉冲的生成机理。

1. 电气系统产生的电磁脉冲

在各种电子、电气设备中，存在有各种电气控制与运行装置。由于这些电气装置中包含有感性元件，当电路中的电流发生突然变化时，其元件两端会产生很高的电压，这种高压会使触点放电或击穿器件，同时产生危害很大的高频电磁辐射。

2. 雷电电磁脉冲

雷电放电过程大约经历三个阶段：首先是先导放电。此时从雷云向大地方向的电离空气分子。一步一步地发展出一条导电通道，为下阶段放电准备好放电途径。在此阶段，电流不大，发光非常微弱；其次是主放电阶段，这时候，雷云中的电荷沿放电通道，迅速泄放入大地，这一阶段电流很大，时间极短。由于瞬时功率巨大，空气受热膨胀，发出强烈的闪电雷声；最后是余晖放电阶段，云中剩余电荷继续沿放电通道向大地泄放。在此阶段，虽然电流较少，但持续时间较长，能量也较大。

当电磁脉冲入射到电路上，它内能产生内部电路的功率混乱甚至部分电路被烧毁。这里的电路功能混乱是指电路从正常工作条件必然变化到极端状态下的工作条件。

确定系统受 EMP 影响的第一步就是选择最易受影响的电路，这个过程可按以下 3 步进行：

（1）发现元件失效对系统所产生的影响。

（2）检查所有接口电路。对于工作频率在 EMP 频率范围以外的电路可以排除出去，对于一些衰减型的电路可以在最后考虑。

（3）检查所有与接口有关的电路。使用离散的功率半导体器件优于集成电路器件。这是因为功率器件有较大的结面积，因而可以耗散更高的热能。

第三节　屏蔽技术

屏蔽的目的是把辐射能量限制在一指定的区域，或者防止辐射能量进入一个指定的区域。屏蔽的形式可以是隔板、金属盒以及电缆和接口屏蔽的形式。屏蔽的类型有实体的、非实体的（如屏板）、编织线（如在电缆中所用的）等多种类型。在各种情况下，屏蔽的性能可用屏蔽效果来表示。屏蔽效果定义为加上屏蔽后场强减少的分贝数。以后可以看到，屏蔽效果不仅取决于所用屏蔽材料、屏蔽厚度，而且还与频率、距辐射源的距离、屏蔽不连续处的形状等有关。

一、实体屏蔽

屏蔽材料可以衰减电磁场的机制主要有 3 个：

（1）由于空气-金属界面之间阻抗的不连续性，入射波能量被屏蔽表面所反射。这种机制对材料的厚度没有要求，只需要有阻抗不连续性存在。

（2）一部分能量穿过屏蔽表面，并在穿过屏蔽的过程中衰减掉。

（3）穿过屏蔽并到达屏蔽另一面的入射波遇到了另一个空气-金属界面，在此界面又反射回屏蔽内部。

在某些情况下，要求对电场、磁场都进行有效地屏蔽，这时可使用多层实体屏蔽。有3种类型的多层实体屏蔽：

1）电磁屏蔽；

2）多层电屏蔽；

3）多层磁层蔽。

在以上3种屏蔽类型中，所有的吸收是由材料特性反射厚度来决定，反射损耗则发生在各屏蔽层的表面。作为屏蔽的结果，多层屏蔽可以得到更好的屏蔽效果，但会增加机械方面的复杂性。以上所述均假定屏蔽材料表面没有相互接触，各个屏蔽之间有一很小的空间，此空间即可由空气填充，也可由介电材料填充。

对于电磁组合屏蔽以及多层电屏蔽，总的屏蔽效果是每一屏蔽的效果之和。同样，对于多层磁屏蔽也是这样。但是，为了得到所要求的屏蔽效果，每个屏蔽要求在磁饱和状态以下工作。所以，多层屏蔽中各层屏蔽不尽相同。

例如，靠近辐射源的屏蔽材料应有更高的饱和值。这就要求材料有一中等值的相对磁导率 μ_r。这个屏蔽将场强降低到一较小的数值。在第二层屏蔽，其材料具有很高的磁导率值 μ_r 和较低的饱和值。

二、非密封式屏蔽

在许多情况下，屏蔽要求是非密封的。例如：

1）屏蔽需要有开口的情况；

2）屏蔽需要有通风口、导线入口等；

3）屏蔽上的一些不连续处。不连续包括有紧密接触的金属表面之间的缝屏蔽。非密封屏蔽所用材料有：屏板、编织材料、蜂窝材料。这些材料用来覆盖屏蔽层的孔或洞。

对于编织材料的屏蔽效果。目前还没有严格的理论方法。一些必要的数据需要通过从制造商或者通过实验来得到。一般地讲，编织材料的屏蔽有效性随着频率增加而降低；随着编织密度的增加而增加。在磁场中（100kHz以下）屏蔽效果随频率增加而增加，随编织密度和材料的磁导率增加，屏蔽效果也可进一步增加。

在屏蔽要求有通风口的地方，可以使用蜂窝材料，此时屏蔽的性能要高于简单的网格屏蔽。在指定的频率范围，蜂窝材料比网格屏蔽有更大的衰减。蜂窝材料可使更多的空气通过，使得比同样尺寸开口屏蔽完整性好。比起网格屏蔽，蜂窝材料不易损坏，因而更可靠。

三、电缆屏蔽

电缆的屏蔽可以使用编织线、软管、硬管或缠绕的高导磁材料片。若要有一个很好性能的电缆屏蔽，不仅电缆本身需要屏蔽好，而且在电缆的终端及接口处也要屏蔽好。

以上所述四种类型中，编织线最易制作和加工，且其重量也相对的轻。编织线的屏蔽效果随编织密度增加而增加。但是随频率接近缝隙开口尺寸时，其屏蔽效果降低。导磁的编织带业已可以用新型导磁材料制成。对于软管屏蔽，其屏蔽性能在频率接近于连接之间的缝隙尺寸时会降低，此时缝隙的作用就如缝隙天线一样。在出现这种情况时，有时要对内部的导线进行个别屏蔽。实心的导管和实心板有同样的屏蔽效果。由于高导磁金属片在冷处理时会降低导磁率，它们不能拉成管状屏蔽。它们必须螺旋缠绕，有时还要求有一保护性的橡胶覆盖层。

电缆的屏蔽效果不仅与屏蔽材料本身的特性有关，而且还与终端阻抗有关，因为终端阳光影响传输线上的驻波；与入射信号阻抗有关；以及与入射信号方向有关。相对于外入射场波长的电缆长度对于感应的电平也有一定的影响。

第四节　滤波器设计技术

电子滤波器是一个由集中元件电容、电感及电阻或者由分布参数的电容、电阻和电感组成的网络。这个网络对某些频率的信号提供通路，而对另外一些频率信号进行阻挡，阻止其通过。

滤波器可使传导干扰信号的电平大大地降低，其原因是干扰信号谱分量不同于信号的谱分量。因此，滤波器的功能是不能由其他抗干扰措施所代替的。但是，滤波器在许多情况下是用作一暂时的措施以弥补先前设计不周到所带来的问题。在设计的初期进行仔细的考虑经常可以避免使用这类临时设计的滤波器。例如，充分地满足电路的线性要求有可能消除使用谐波滤波器的必要性；类似地，改进延迟电路的隔离性可以不再使用瞬变抑制滤波器。由于干扰滤波器的可靠性低于屏蔽和接地，实践上应减少使用作为临时措施的干扰滤波器。进一步，滤波器的设计和实施的经济因素表明：它们只有在绝对必须的时候才被使用。

一、滤波器特性

滤波器最有意义的一个特性是其作为频率函数的插入损耗。插入损耗定义为：

$$IL = 20\log_{10} \left| \frac{E_1}{E_2} \right|$$

式中　E_1——存在滤波器时的信号输出电压；

　　　E_2——没有滤波器时的同一信号滤的输出电压。

插入损耗作为频率的函数称之为滤波器的频率特性。这一特性以及其他特性在以下将分别讨论：

1. 频率特性

在规定滤波器的频率特性中，必须同时考虑电路工作频率和需要衰减的频率。如果需要的工频率分量与不需要的频率分量非常接近，则要求在频率特性曲线上有一很大的斜率分量。但是，要使频率特性曲线上有很大值的斜率，就需要使用大量的具有精密数值的元件，因而增加了成本。另一个要考虑的因素是对所需信号采用带通滤波器，或对噪声采用带阻滤波器。在设计阶段，还要考虑滤波器所允许的最大电压降以及带宽内的衰减。

2. 阻抗特性

若要滤波器按照要求去工作，必须了解源阻抗和负载阻抗。当源阻抗和负载阻抗未知或者经常变化时，则滤波器应连接一固定的阻抗，以稳定其性能。

3. 电压

滤波器的额定电压要合适，以便在所要求的工作条件下，提供可靠的工作性能。过高的电压可能损坏滤波器的电容和电阻。额定电压非常重要，特别是遇到很大的电压偏差或短脉冲的时候。

4. 额定电流

为了避免损坏滤波器中的电阻和电容，应当依据滤波器在连续工作时所通过的最大电流值来计算或设定滤波器的额定电流。在可能的情况下，可使滤波器的额定电流值与导线连线的额定电流值一致，或者与熔断器规定的数值一致。若滤波器采用了不必要的过高额定电流值，则会增加滤波器的重量和占用更大的空间。若额定电流的数值过小，则会降低滤波器的工作可靠性及造成安全隐患。滤波器的安全系数应当与电路中的其他元件一致。

5. 绝缘电阻

滤波器的绝缘电阻在其寿命期间有可能发生变化。为使滤波器正常工作，应确定其绝缘电阻的最大变化值，并在电路设计阶段加以考虑。

6. 尺寸与重量

在某些应用中，滤波器的尺寸和重量有可能是非常重要的。在空间有限情况下，加一个或减少一个滤波器的元件都可能改变滤波器的尺寸和重量。滤波器的制造商经常会提供滤波器的形状、安装方法以及连接方法等数据给用户。

7. 温度

滤波器要能够在一定的温度范围下正常工作。根据工作目的，工作环境的不同，对滤被器的要求也不一样。对于军事设备，其温度范围可达$-65℃\sim85℃$。但对工业和商业用设备，工作的温度范围要小很多。

8. 可靠性

滤波器元件的可靠性要与设备的可靠性要求相一致，并且其可靠性往往高于其他设备元件。这一点之所以非常重要是因为由电磁干扰所产生的问题比起其他的元件问题更难发现。

二、滤波器设计

滤波器的设计即可以用电抗元件来实现，也可以用吸收元件来实现。电抗元件实现的滤波器是将不需要的信号反射回去，吸收元件实现的滤波器是将不需要的信号吸收掉。除此以外，还可以同时采用反射和吸收技术来设计滤波器。

1. 反射型滤波器

反射型滤波器通常由电感和电容元件所组成。在阻抗频带，串联电路中设计为高阻抗，并联电路设计为低阻抗。工作于低阻

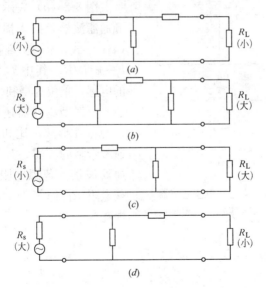

图 4-1　反射滤波器

(*a*) T 型滤波器；(*b*) Ⅱ 型滤波器；(*c*) 倒 L 型滤波器；(*d*) C 型滤波器

抗源和负载的反射型滤波器经常使用 T 型结构滤波器，如图 4-1 (a) 所示，工作于高阻抗和高负载的反射型滤波器经常采用 II 型结构，如图 4-1 (b) 所示。上述这些结构有助于减少源阻抗和负载阻抗对滤波器频率特性的影响。在阻抗不对称情况下可以使用 L 型结构。图 4-1 (c) 表示一种滤波器的结构，它可用于低阻抗的源和高阻抗的负载。图 4-1 (d) 的结构用于高阻抗的源和低阻抗的负载。

在电磁兼容中经常使用的是低通滤波器，图 4-2 (a) 表示一个电容低通滤波器。其插入损耗由方程（4-2）给出：

$$IL=10\log_{10}(1+F^2)\text{dB} \tag{4-1}$$

式中　F——πfRC；

　　　f——频率（Hz）；

　　　R——源和负载电阻（Ω）；

　　　C——滤波器电容（F）。

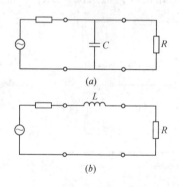

图 4-2 (b) 表示一个电感低通滤波器，插入损耗公式同（4-1）式，但是参数 F 为：$F=\pi fL/R$；其中 L 为滤波器的电感，单位为亨利（1-1）。

反射型滤波器还有许多其他的特殊形式，比如高通、带通和带阻滤波器。对于 T 型低通滤波器。若源电阻 R_S 与负载电阻 R_L 都等于 R，则插入损耗为：

图 4-2　电容、电感滤波器
(a) 电容低通滤波器；(b) 电感低通滤波器

$$IL=10\log_{10}\left[(1-\omega^2LC)^2+\left(\frac{\omega L}{R}-\frac{\omega^3L^2C}{2R}+\frac{\omega CR}{2}\right)^2\right]\text{dB} \tag{4-2}$$

对于 π 型低通滤波器，当 $R_S=R_L=R$ 时，

$$IL = 10\log_{10}\left[(1-\omega^2 L)^2 + \left(\frac{\omega L}{2R} - \frac{\omega^3 L^2 R}{2} + \omega CR\right)^2\right]\text{dB} \quad (4\text{-}3)$$

对于 L 型低通滤波器，当 $R_S = R_L = R$ 时，

$$IL = 10\log_{10}\left[\frac{(2-\omega^2 LC)^2 + \left(\omega CR + \frac{\omega L}{R}\right)^2}{4}\right]\text{dB} \quad (4\text{-}4)$$

低通滤波器中的电感由电容代替，电容由电感代替，就可能变换成高通滤波器。元件的数值用截止频率时阻抗的倒数。例如。图 4-2（a）的低通电容波波器，截止频率为 3kHz，$R=$ 100Ω，将其变换为高通电感滤波器，这可通过电容用一个 $\omega L = $ 100Ω 的电感 L 来代替，所以，$L = 100/2\pi \times 3 \times 10^3 H = 5.3$（mH）。

2. 吸收型滤波器

在反射型滤波器中，由于不匹配的原因，有可能增加干扰电平，而不是减少干扰电平。在这样一种情况下，对不需要的频率分量可以采用吸上滤波器将其衰减掉。吸收滤波器通常是由传输线所组成，传输线的介质采用铁氧体或其他有耗介质。例如，一种吸收滤波器是在铁氧体管的内外涂以导电材料做成的。这种类型的吸收滤波器在电力线以及某些需要消除干扰而不是反射掉干扰信号的应用中是非常有用的。图 4-3 表示了一个吸收滤波器的

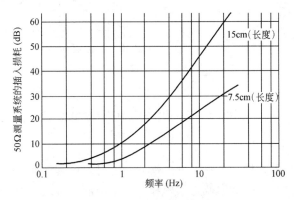

图 4-3　铁氧体管的插入损耗

插入损耗。其中一个滤波器铁氧体管内外半径分别为 1.6cm、0.95cm，长度为 7.5cm；另一个内外半径与上面相同，但长度为 15cm。从图中可以看到，截止频率反比于铁氧体管的高。

吸收型滤波器可以直接安装在接口装置中，从而提供一个低通滤波器的特性，如图 4-4 所示。进一步，对高额滤波可以通过串接一反射型滤波器而得到。采用这种方式，可以得到很陡的斜率以及很高的阻滞衰减。图 4-5（a）表示反射型低通滤波器的性能曲线，在 400MHz 有一很陡的截止高度衰减的区域延至 3GHz。但在超过 3GHz 以后，衰减明显的减少。如果同样的滤波器仅由吸收滤波器构成，其衰减特性曲线如图 4-5（b）所示。

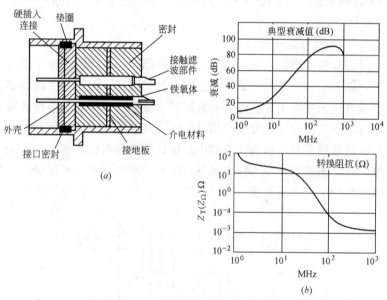

图 4-4 吸收接口的截面及特性曲线
（a）截面；（b）特性曲线

某些带通型的吸收也可由损耗介电材料得到。通过恰当地选择介电材料，在低通截止频率和第一个杂散频带之间设计一反射型滤波器，可以减少所要求的这种吸收。这样，需要最少的吸收

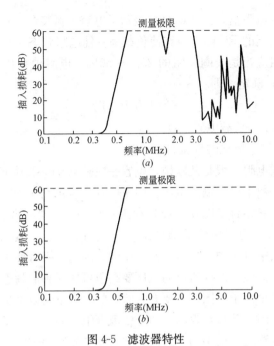

图 4-5　滤波器特性

（a）低通反射型滤波器特性；（b）低通反射吸收型滤波器特性

材料得到所要求的阻滞衰减。

三、瞬态脉冲抑制

当一个感性负载被开关断开时，例如继电器线圈断开时，磁场的突然变化会产生一反电动势，由反动势所产生的电压一直增加到开关产生电弧为止。电弧在很宽的频谱范围成为辐射和传导的干扰源。当电感中贮存的能量耗尽后，电弧熄灭。

为了防止或减少电弧的生成，可将电流通过电容器引导到另一支路，这时能量部分转贮在电容器，部分消耗在电阻上。任何有可能产生振荡的电流能量由电阻加以衰减。图 4-6 表示了几种与电感器有关的灭弧电路。图 4-6（a）的衰减电阻对于直流、交流输入都是很有用的。电阻增加了电路的功能消耗，因而应尽可能降低电阻值。图 4-6 (b) 表示了电容灭弧装置。在电感器两端接有适当的 RC 匹配电路使负载呈一纯电阻状态。与电容器串联的电阻应当是线圈电阻的 $25\%\sim50\%$。电容值可以下面的方程（4-5）确定，即：

$$C=L/RR_L(\mathrm{F}) \tag{4-5}$$

式中　L——负载电感（H）；

　　　R_L——负载的直流电阻（Ω）。

串联电阻一般是几欧姆，电容一般是 $0.01\sim1.0\mu\mathrm{F}$，它们的标称电压数十倍于输入电压。图 4-6 (c) 表示利用 RC 电路的灭弧电路，它结合了图 4-6 (a) 和图 4-6 (b) 的两种方法。图 4-6 (d) 表示利用二极管灭弧的电路，它对直流输入是很有用的。这个方法中电压的极性是非常重要的，因为二极管要工作在非导通方向。二极管的峰值反向电压要高于可能遇到的瞬态电压并加上一个安全因子，同时需要有几欧姆的串联电阻以增加电感的工作期限。图 4-6 (c) 表示由两个二极管组成的灭弧电路，它对交流输入电路是有很用的。二极管的雪崩电压应超过输入电压，功

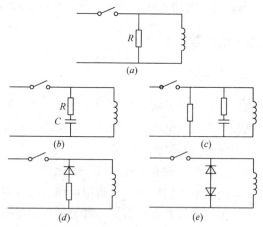

图 4-6　用于电感负载的灭弧电路

(a) 电阻衰减；(b) 电容衰减；(c) RC 灭弧电路；

(d) 二极管灭弧电路；(e) 背对背二极管灭弧电路

率衰减速率应能满足处理瞬态电流的要求。在所述技术中，这个方法经济有效。

四、电源滤波器

电源滤波器可以用来减少来自电源的电磁干扰，同时可以用来降低电压阻抗，从而降低负载感应的扰动。图 4-7 表示某一设备的电源线阻抗。在 15kHz 以下，电源线阻抗降低到 1Ω 以下的某个数值，然后随频率增加而增加。此外，电源线阻抗也是空间位置的函数，其阻抗随着离源距离的增加而增加。

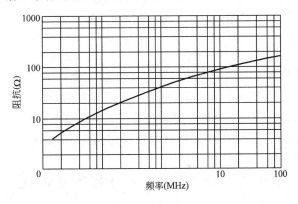

图 4-7　电源线阻抗

许多电源滤波器是由无源、集中元器件制成的。但是这种滤波器体积大且笨重。有源滤波器采用固态有源器件，因而可用较小的尺寸和重量获得很大的电感和电容值。此外，在接近电源频率处，当存在低阻抗特性时，有源器件也是非常有效的。

直流电源滤波器中有源器件可以包含电容器作为贮能元件。候正的串联稳压器可提供一个高阻抗通路，修正的并联稳压器与高增益反馈电路相结合可抵消干扰信号。但是，这种滤波器与传统稳压器不同的是它们不调节电路功率的大小。

图 4-8 表示利用相位抵消方法构成的电源滤波器。图 4-8 中有源滤波器的工作原理为：输入功率通过选择滤波器进入放大

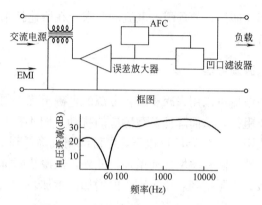

图 4-8　用于抗电源干扰的有源滤波器

器，在此放大器工作频率调整为电压频率。放大的干扰信号带着相反的极性返回到与电源串联的变压器。除了电压的基频以外，其他所有频率都受到了相应于放大器增益大小的衰减。自动频率控制电路可以调节选择滤波器，并使其跟踪电源频率。图 4-8 同时还显示了在 220V 时，20A 滤波器得到的电压衰减。

第五节　无线电频率的电磁兼容设计

无线电频率是一个宝贵的资源，合理的利用它会给人类带来诸多方便。反之，如果滥用它，则会给人类带来灾害。无线电频率的电磁兼容设计就是要合理地利用宝贵的频率资源。通常有专门的国际组织制定频率规划，提出频率分配的标准。但是，这并不是就不需要再进行电磁兼容设计。在具体工作时，我们仍要根据具体情况，进行频谱安排，以获得最佳的电磁工作环境。

一、无线通信的频率配置

考虑到电波的传播特性，在陆地上无线通信的使用频段以 30～1000MHz 为宜。但在这一频段内，还有其他无线电业务。例如电视广播等。在具体的频段分配上，分配给无线通信的频段主要有 150MHz、450MHz、900MHz 三个频段。在卫星通信中，使用的频段主要有 4/6GHz 频段和 11/14GHz 频段。以下主要讨论地面无线通信的频点配置。

（1）150MHz 工作频段。

150MHz 频段的频点有公用频点和专用频点。在这一频段内，信号接收频率在 138.000～149.900MHz 范围，发射频率在 150.050～167.00MHz 范围。无线通信业务的频率分配表指明了各频率范围的频点数，可以经营的无线电业务。之所以要这样规定，目的就是避免各种无线业务之间的相互干扰，以达到频率的电磁兼容。

（2）蜂窝公众网（450MHz 频段、900MHz 频段）。

在我国，蜂窝公司网的无线通信业务分配了两个频段，即 450MHz 频段和 900MHz 频段。在 450MHz 频段，规定 450MHz 于 453MHz 频率范围为移动台发射频率，总共有 120 对频点。在 900MHz 频段，规定 879～899MKz 频率范围为移动台发射；920～944MHz 为基台发射，总共有 799 对频点。

二、频道间隔

在短波和超短波频道，波段为 VHF 及 UHF，我国规定调频通信的频道间隔为 25kHz。对于 150MHz 和 450MHz 频段，备频道标称频率的尾数为 00、25、50、75（kHz）。在 450MHz 频段的公众网，为了减少在频率复用时所产生的各频道间干扰，允许使用偏置为 12.5kHz 的插入频道，相应的标称频率尾数可以为 12.5、37.5、62.5、87.5（kHz）。

对于 900MKz 的公众网，标称频率采用 12.5、37.5、62.5、87.5（kHz）的频率尾数。

无线通信的收发采用不同的频率，通常是基站发射时用高频，接收用低频；而移动台是发射时用低频，接收时用高频。收发之间的频率间隔如表 4-3 所示。

无线电通信业务频率分配表　　　　　表 4-3

频率范围(MHz)	频点数	专用对讲机	单频组网	寻呼机	双频组网	四路接力系统	无线话筒	城市公众蜂窝网
30.000~30.275	12	•						
29.475~29.950、40.000~48.500			•					
43.800~44.000	9	•						
48.000~48.475	20		•					
43.675~43.775、12.550~74.500				•				
73.000~74.475	60		•	•				
139.075~141.550	50/60	•	•					
146.025~147.250			•					
150.050~167.000					•			
151.900~152.900	21	•						
153.000	100	•						
165.700~166.675	40	•						
157.500~158.725、163.200~164.425	25 对				•			
140.325~141.550、146.025~147.250	30 对				•			
159.125~159.950、164.725~165.550	18 组					•		
152.600~152.700、156.050~156.700						•		
150.325、153.0、154.450、154.6、156.4、157.475、159.0、162.550、164.600、166.725	10						•	
89.92、94、97、101、104、107	7						•	
410.200~410.475、411.000~411.350、414.152~414.425、416.000~416.525	57	•						
403.000~404.475、411.450~412.925、416.600~418.075	180		•					
454.100~457.075、464.100~467.075	120 对				•			
410.600~410.900、419.300~419.600	26			•				
450.500~453.500、460.500~463.500	120 对							•
879.000~899.000、924.000~944.000	799 对							•

三、频道的分组方式

1. 小型通信网的频道分组

在小型通信网中，每个系统所用频点数不变，一般为 4～8 个频点。在一个可用频段中。频率的分组应满足相互之间无电磁干扰的要求。在整个频段中对频点进行分组，这样可以使多个系统之间无干扰地共同工作，从而有效地使用频率资源。图 4-9 表示频点分组的一个示例。

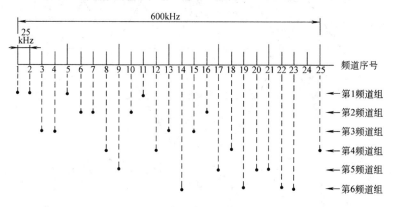

图 4-9 分区分组频道排列图

在图 4-9 中，把一总宽度为 600kHz（25 个频道）的频段排列为 6 个频道分，各分组内无三阶互调干扰，因此只要能在空间上适当隔离，可使用全部频率资源，不会产生明显的干扰，从而大大提高了频率资源的利用率。

2. 蜂窝公众移动电话网的频道分组

在蜂窝移动通信网中，为了有效地利用频率资源，将频率分成若干个小的频率组。

分组的方法通常是按序号等间隔分组。比如有 6 个频道 1、2、3、4、5、6，若将它们分为 3 组，可这样进行，即（1、4）为一组，（2、5）为一组，（3、6）为一组，将频率分组以后，在空间进行区域分割，分割后的区域就如蜂窝一样，在每个小区域选择一组频率，空间分隔的区域可以使用相同的频率，这样就达到了频率复用的目的。图 4-10 表示 4 个基地站为一群的蜂窝结构，在此每个基地站分配 6 个频点，所以共有 24 个频点。基地

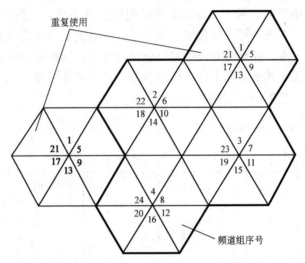

图 4-10   4 个基地站 24 个 60°扇形小区为一群的频率分配图

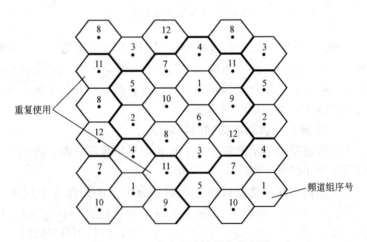

图 4-11   12 个全向基站频率分配图

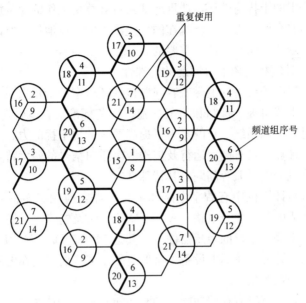

图 4-12 7 个基站区 21 个 120°扇型区频率配置

站使用 60°定向天线，以便将 6 个频点在空间再进行隔离。图 4-11 表示 12 个基地站为一群的复用模式，每个基地站分配两个频点。图 4-12 是 21 个频率分为 7 组，7 个基地站为一群的蜂窝复用结构，每个基地站使用 120°定向天线作进一步的空间分隔。

第六节 计算机中的电磁兼容技术

一、计算机中电磁兼容的重要性和特殊性

1. 计算机中电磁兼容的重要性

计算机是一个复杂的电子系统，是一个含有多种元器件和许多分系统的数字系统，又是一个高速运行的电子设备。它不仅对其他设备和装置产生干扰，而且外来的电磁辐射，内部元件之间、分系统之间、各传送通道间的相互窜扰对计算机及其数据信

息所产生的干扰与破坏，严重地威胁着计算机工作的稳定性、可靠性和安全性。由于计算机在国民经济中的重要地位，所以计算机的电磁兼容问题是极其重要的。

2. 计算机电磁兼容问题的特殊性

一般电子设备的电磁兼容问题包括环境中的干扰来源、干扰特性、干扰机理、抑制和防范措施、规范标准等，既针对电路，又针对单机和系统，目的是为了提高系统的抗干扰能力。

但计算机具有高速运行及传送数字逻辑信号的两大特点。因而计算机的电磁兼容问题有其特殊性。

（1）计算机中有数字电路和模拟电路，应用最多的是二极管、集成电路、微分电路、A/D（D/A）转换电路。它们既是干扰源，又是受干扰的敏感器件，尤其是 MOS、D/A 最为敏感。

（2）计算机属弱电设备，是低电平系统，所以它在电磁环境中以受干扰为主。

（3）计算机有存储功能、判断功能及高速运算功能，这为抗电磁干扰设计提供了有利条件，但在存储功能的数字电路系统中，不像模拟电路那样，瞬时干扰消失后系统即可恢复正常，而瞬时干扰过去后不能恢复。

（4）计算机电路系统传送的是脉冲信号，同时也易对脉冲干扰敏感。

（5）计算机被干扰的主要途径有电源系统、传导通路，对空间电磁波的感应，静电对 MOS 电路影响很大，计算机内大量的磁媒体，工作于低电压大电流方式，因此有很强的电磁感应。

（6）干扰信号在计算机中的形态有两种，一是串模、二是共模。串模干扰又称正态干扰、常态干扰、平衡干扰；共模干扰又称共态干扰、同相干扰，对地干扰、不平衡干扰。

（7）计算机要求硬件不被破坏，软件程序不被干扰两个方面。

（8）"计算机病毒"是计算机特有的一种干扰，对计算机有致命的危害，是预先估计不到的干扰程序或干扰指令。

二、计算机的抗干扰措施

1. 数字集成电路的抗干扰措施

数字集成电路主要是指 TTL 和 CMOS。对干扰十分敏感，共抗干扰措施有：

（1）合理布线，应按长线理论去考虑分布参数特性；

（2）加滤波电容；

（3）级间加缓冲存储器；

（4）引线间加屏蔽隔离；

（5）管脚涂防静电涂层；

（6）在逻辑电路的输入端采用幅度鉴别、波形鉴别，或进行逻辑延迟处理。

2. A/D 转换器的抗干扰措施

A/D 转换器在把模拟量转换成数字量时。产生较强的干扰，有串模干扰和共模干扰两种形态。其抑制措施有：

（1）采用积分式和双积分式的 A/D 转换器；

（2）同步采样低通滤波法可滤除低频干扰；

（3）将转换器做小，直接附在传感器上，以减小线路干扰；

（4）用电流传输代替电压传输，然后通过长线终端的并联电阻，再变成 1~5V 电压送给 A/D 转换器；

（5）采用差动平衡的办法能减少共模干扰；

（6）采用屏蔽法改善高频共模干扰；

（7）采用电容记忆法改善共模干扰；

（8）采用光耦合器解决 A/D、D/A 转换器配置引入的多种干扰；

（9）用软件法提高 A/D 转换器抗工频干扰的能力。

3. 计算机接口电路的抗干扰措施

（1）多输入通道接口抗干扰电路，采用差动式运算放大器组成的抗干扰电路，起到隔离共模干扰的作用；

（2）采用远距离脉冲信号抗干扰接口电路，是利用光耦合器输入阻抗低的原理，抑制了干扰信号；

（3）对近距离的脉冲干扰采用滤波的方法来抑制干扰。

4. 微机总线的抗干扰措施

（1）采用三态门式的总线提高抗干扰能力；

（2）采取防止总线上数据冲突的措施，缩小随机存储器存取数据的时间，即缩小选通时间；

（3）采用三态输出器件构成的总线，可以使总线克服瞬间不稳定。采取加吊高电阻的办法，总线通过电阻接到电源处，可使总线在此瞬间处于稳定的高电位，增强了总线的抗干扰能力。

5. 单片机系统的抗干扰措施

单片机是微电子技术的重要组成部分。单片机的电磁兼容问题有其特点，主要反映在信号的电特性上，如脉冲特性、多频率特性、数模混合特性等，因此单片机易于形成串扰通路而相互干扰，易于形成辐射，外部高频容易干扰电路工作，对电源影响比较敏感。

对单片机系统的电磁兼容技术，常有频率设计技术、接地技术、电源技术、布线技术、降频控制技术、多层板去耦技术、表面贴片技术以及逻辑电路技术与软件技术的结合，起到有效的抗干扰效果。

实现软件抗干扰的方法，通常采用加入空指令方法，收留井法，即在空指令组之后，再增加处理"跑飞"的程序；采用定时监视主程序方法；由主程序监视中断情况的方法；或是采用容错技术，用时间冗余或信息冗余方法进行抗干扰，以提高单片机运行的可靠性。

单片机的电磁兼容技术具有特殊性，所以单片机的电磁兼容设计比较复杂。

6. 计算机传输线的抗干扰措施

计算机传输线常常加隔离屏蔽，采取接地措施，以及无感布线等。抑制传输线的抗干扰措施的具体方法如下：

（1）传输线的始端与终端采用差动方式，可抑制共模干扰，只有一根输出线的数字电路可增加一个反相器而成为差动输出；

（2）采用绝缘隔离方式抑制传输线始端与终端地之间电位差造成的共模干扰；

（3）采用匹配方法和缩短传输长度，来抑制传输线因反射造成波形失真形成的干扰，用二极管进行终端匹配，利用箝位和吸收能有效的减小干扰；

（4）长距离传输采用标准接口，抗干扰性能较强；

（5）计算机的终端，如显示器、操作面板，在传输线的一侧装隔离装置，一端悬浮；

（6）采用长线驱动器与接收器电路；

（7）采用负脉冲传输、抗干扰能力高于正脉冲传输；

（8）以电流传输代替电压传输，可提高抗干扰能力；

（9）采用光纤作长距离传输，避免了电气干扰；

（10）布线时减少耦合，采用物理隔离法，室内外电缆互相隔离；

（11）布线线间避免平行，合理接地，触发器经隔离后，再去驱动长线，往返信号线分开，并采取屏蔽措施。

7. 计算机及其系统的屏蔽技术

计算机及其系统的屏蔽和接地是提高抗干扰能力的重要措施。计算机房的屏蔽和接地是关键措施。屏蔽机房一方面可以防止外界电磁场干扰和破坏计算机系统工作；另一方面又可以防止机房内计算信息的泄漏与失密。在实际工作中由于对计算机未采取有效的屏蔽措施，使得事故时有发生。

计算机及其系统的屏蔽技术措施，具体内容如下：

（1）计算机机房必须是全屏蔽，实现整个屏蔽机房；

（2）电源线路采取滤波措施，尽量使用高抗干扰电源；

（3）信号线路采取滤波措施；

（4）采取接地技术，如交流接地、直流接地、防雷接地、电磁接地、安全接地等，并要求分别设置；

（5）采用有屏蔽的接插件；

（6）导线采取屏蔽措施，采用抗干扰的光纤；

（7）在键盘、显示器上加装保护性金属屏蔽；

（8）机房内采用导电性塑料地板或金属活动地板；

（9）在每一级电路、分系统、分单元的结构设计中均采取必要的屏蔽和隔离措施；

（10）对高频、屏蔽体可采用高电导率的金属材料做成封闭的整体，并可靠接地；

（11）采取静电屏蔽措施；

（12）采用高导磁率材料进行磁屏蔽。

关于防泄漏问题，下文进行专门的叙述。

8. 计算机中防电磁泄漏的技术措施

计算机的电磁泄漏，一方面是指主机及辅助设备产生的无意干扰对外界的辐射或传导；另一个含意是指有用信息的泄漏。直接通过辐射使计算机的保密数据信息泄漏，截获者如对某种信息感兴趣时，可利用放大、特征提取、解密、解码、破译密码，直接危及密码的安全，绝不亚于设备工作被干扰的危害。所以，防止计算机的电磁泄漏有极其重要的意义。

计算机电磁泄漏的原因，主要有屏蔽措施不完善，传导波的泄漏，它是通过电源内阻向其他共用电源的装置耦合及电网线再辐射的天线效应所致；另一个原因是随时间、环境而变化的动态因素所致。传输线过长也是造成电磁泄漏的原因。

防止计算机电磁泄漏的办法，首先是减小无意的干扰信号，严格地选择元器件、电路和材料，然后是采取屏蔽、滤波、合理而又良好的接地等，具体措施如下：

（1）对工频地电流的辐射加强屏蔽；

（2）对电源变压器进行多层屏蔽；

（3）高速信号线应设计得尽量短，并对信号线采取阻尼措施；

（4）滤波和接地是抑制传导泄漏的有效措施，所以应采取完善的滤波方法和完善的接地措施；

（5）重视外围设备的信号处理，特别要注意连接线的形成、造型、屏蔽、接地及插头插座的接触，必要时加涂覆，同时要注意匹配问题；

（6）计算机的监视器是视频辐射窗口，可在荧光屏上加金属丝网，或加一层导电光学基片；

（7）计算机键盘也应采取抑制措施；机房、机壳有孔缝处，可贴铜箔；通风窗口按截止波导设计。

9. 计算机软件的抗干扰措施

大量的干扰源虽然不能造成硬件的破坏，但却使系统不稳定、数据不可靠、运行失常、程序"跑飞"，严重时可导致计算机控制失灵，造成严重的后果。

用软件方法处理故障，实质上是采用冗余技术对故障进行屏蔽，对干扰响应进行掩盖，在干扰过后对干扰造成的影响在功能上进行补偿，实现容错自救。软件抗干扰是一种价廉、灵活、方便的抗干扰方式。应用软件抗干扰的前提是尚未引起硬件破坏，RAM 中的程序与数据尚未丢失。

计算机软件的抗干扰具体措施如下：

（1）利用陷阱技术防止干扰造成的乱序扩展下去；

（2）利用 CTC 作监视器，实现死机重投；

（3）利用时间冗余技术，屏蔽干扰信号，如多次采样输入、判断，以提高输入可靠性，利用多次重复输出来判断，提高输出信息的可靠性；重新初始化，强行恢复正常工作；查询中断源状态，防止干扰造成误中断等；

（4）采取容错技术，采用一些特定的编码，对经过存放的数据进行检查，判别是否是因存放受干扰，然后从逻辑上对错误进行纠正；

（5）采用指令冗余和空间冗余的方法；

（6）采用特征标志、识别标志的方法；

（7）采用硬件仿真技术，属于时间冗余，又称为数字滤波技术。如采取算术平均值滤波、逻辑滤波、一阶滞后滤波等。

第五章　计算机网络技术

第一节　计算机网络及分类

一般认为，计算机网络就是通过通信设备和通信传输介质将分布在不同地理位置上的具有独立工作能力的计算机连接起来，在相应软件的支持下，实现数据通信和资源共享的系统。计算机网络从不同的角度有不同的分类方法。

一、从网络的作用范围分类

有时需要从网终的作用的范围来分类可分为广域网、局域网和城域网。

1. 广域网（WAN 是 Wide Area Network 的缩写）

广域网的作用范围通常为几十到几千公里，因而有时也称为远程网。广域网是利用公共远程通信设施（公用数据通信网、公用电话网、卫星通信网等），为用户提供对远程资源的访问，或者提供用户之间的快速信息交换。它是地区或国家甚至国际范围内的计算机网络。

2. 局域网（local Area Network，LAN）

局域网一般用微型计算机或工作站通过高速通信链路相连，但地理上则局限于较小的范围（如 1km 左右）。美国电气与电子工程师协会（IEEE）曾经给局域网下过一个定义：局域网是一个数据通信系统，它在一个适中的地理范围内，通过物理通信信道，以适中的数据速率，使若干独立设备彼此进行直接通信。LAN 所覆盖的范围通常在几米至几公里，一般是在一栋建筑物内或一个单位范围内的计算机网络。

常见的局域网有：Ethernet（以太网）、Token-Ring（令牌环）、Token-Bus（令牌总线）和 FDDI 光纤局域网等。

国际计算机万联网（Internet，又称因特网）是广域网的例子。

3. 城域网（Metropolitan Area Network，MAN）

城域网覆盖的范围在 WAN 与 LAN 之间，例如作用范围为一个城市，可跨越几个街区或甚至整个城市。它的技术原理与 LAN 类似，距离可以到 30～50km。MAM 正好可以弥补 LAN 与 WAN 之间的空隙。

二、按数据交换的基本方式分类

1. 交换型网络

高速 LAN 和 WAN 一般都采用分组交换技术的数据传输方式。交换型网络每个工作站独占一定带宽，可大大提高网络系统的带宽，网络系统带宽随着联网工作站数量的增加而增加，如交换型快速以太网、千兆以太网。

2. 共享型网络

在当前使用的低速 LAN 中，如 10Base2、10Base5、10BaseT 以太网、令牌网及光纤 FDDI 网，都是采用竞争共享的数据传输方式，即网络上的每台计算机必须争得传输通道的使用权后才能传送数据，当两个用户正在互相传送数据时，其他用户就不能传送数据。这种争用型网络在用户大量增加时其效能将会大大降低。

三、按介质分类

按网络通信线路所使用的介质可分为有线网和无线网。

1. 有线网

有线网使用同轴电缆、双绞线、光纤等传输介质来传送数据。同轴电缆又分粗缆（75Ω）和细缆（50Ω）。双绞线分为屏蔽双绞线（Shielede Twisted Pair，STP）和非屏蔽双绞线（Unshielded Twisted Pair，UTP）两种。光纤分为单模光纤和多模光纤。

2. 无线网

在移动通信中，无线传输显然是惟一的选择。即使在非移动通信中，为了克服地形地貌上的阻隔，降低线路的建造与维护费用，人们也必须采用微波干线或卫星通信。

第二节　计算机网络的拓扑结构

网络中各个站点相互连接的方法和形式称为计算机网络的拓扑（Topology）结构。网络拓扑结构是决定网络特性的主要因素之一。构成局域网的拓扑结构有多种，主要有星型、总线型、环型以及混合型拓扑结构。拓扑结构的选择往往和传输介质的选择和介质访问控制方法的确定紧密相关。选择拓扑结构时，应该主要考虑以下方面的因素：

（1）可靠性。在局域网中，通常有两类故障，一类是网中个别节点损坏，这只影响局部；另一类是网络本身无法运行。拓扑结构的选择要使故障检测和故障隔离较为方便。

（2）灵活性。计算机和电话设备往往安装在用户附近，在建网时应考虑到在设备搬动时能够容易地重新配置网络拓扑结构，还要考虑到原有站点的删除和新站点的加入。

（3）费用低。不管选用什么样的传输介质，都需要进行安装，例如挖电缆沟、敷设电缆管道。为了降低费用，就和拓扑结构的选择以及相应的传输介质的选择、传输距离的确定有关。

一、星型拓扑结构

1. 基本概念

星型拓扑结构的网络是以中央结点为中心与各个结点连接组成的。如图 5-1（a）所示，如果一个工作站需要传输数据，它首先通过中央结点，中央结点接收各分散结点的信息再转发相应

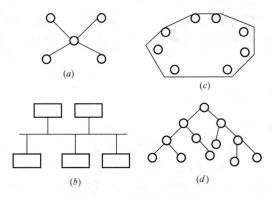

图 5-1　网络基本拓扑结构
(*a*) 星型拓扑结构；(*b*) 总线拓扑结构；
(*c*) 环型拓扑结构；(*d*) 树型拓扑结构

结点，因此中央节点相当复杂，而各个站的通信处理负担都很小。

2. 星型拓扑的优点

（1）集中控制和故障诊断。由于每个站点直接连到中央结点，因此容易检测和隔离故障，可很方便地将故障站点从网络中删除。

（2）结构简单、建网容易。由于网中各结点都与中央结点直接相连，中央结点可方便地提供服务和网络重新配置。

（3）连接点故障隔离。在网络中，连接点往往容易产生故障，由于星型拓扑中每个连接点只接一个设备，所以单个连接点发生故障，只会涉及一个设备，不会影响其他节点及整个网络的正常运行。

（4）简单的访问协议。在星型拓扑中，任何一个连接只涉及中央节点和一个站点，所以介质访问控制的方法很简单，致使访问协议也十分简单。

3. 星型拓扑的缺点

（1）依赖于中央节点。一旦中央节点发生故障，将导致整个网络瘫痪，通信线路的利用率不高。

（2）电缆用量大，每个站点都需用一根电缆与中央节点连接，在相同数量的节点情况下，与其他拓扑相比需用更多的电缆。

二、总线拓扑结构

1. 基本概念

如图 5-1（b）所示，总线型结构网络是将各个结点和一根总线相连。网络中所有的结点都通过总线进行信息传输，任何一个结点的信息都可以沿着部线向网络各个方向传输。并被总线中任何一个结点所接收。在总线型网络中，作为数据通信必经的总线的负载量是有限度的，这是由通信介质本身的物理性能所决定的。因此，在总线型网络中，总线的长度有一定的限制，一条总线也只能连接一定数量的结点。

2. 总线拓扑的优点

（1）可靠性高。总线的结构简单，又是无源元件，当某个工作结点出现故障时不会造成整个网络的故障，从硬件的观点看，十分可靠。

（2）成本低。不像星型拓扑结构那样需要一个中央结点设备，只需要一根总线电缆和相应连接即可，并且总线方式所用电缆最短，因此总线拓扑结构的网络组建成本最低。

（3）电缆长度短，容易布线。因为所有的站点都接到一个公共数据通路，因此只需很短的电缆长度，减少了安装费用，易于布线。

（4）结构简单灵活，对结点设备的装、卸非常方便，可扩充性好。

3. 总线拓扑的缺点

（1）故障隔离困难。在星型拓扑中一旦检查出哪个站点故障只需简单地把该连接去除。对总线拓扑，如故障发生在站点，则只需将该站点从总线上去掉，但如果传输介质发生故障，则整个这段总线要更换。

（2）故障诊断困难。虽然总线拓扑简单，可靠性较高，但故障检测却不很容易。因为总线拓扑的网不是集中控制，一旦网络出现故障，需要对网上各个站点的网络接口进行检测。

三、环型拓扑

1. 基本概念

环型拓扑结构中的各个结点是连接在一条首尾相连的闭合线路中的。通常数据只能是单方向流动，一个结点接收到数据，并把它传送到环上的下一个结点。每个结点的任务就是接收数据，把它送到与这个结点相连的计算机或者送到环上的下一个结点。

实际上的环形网络的每个结点是由一个中继器构成，计算机通过点到点链路与结点中继器相连从而接入环中组成一个闭合环，如图 5-1（c）所示。

2. 环型拓扑的优点

（1）电缆长度短。环型拓扑所需电缆长度和总线拓扑相似，但比星型拓扑要短得多。

（2）可用光纤。光纤传输速度快，环型拓扑是单方向传输，光纤传输介质十分适用。因为环型拓扑网络是点到点、一个节点一个节点的连接，可在网上使用多种传输介质。

（3）结构简单，由此使得路径选择、通信接口、软件管理都比较简单，所以实现起来比较容易。

3. 环型拓扑的缺点

当结点过多时，影响传输效率，使网络响应时间变长。另外，在加入新的工作站时必须使环路暂时中断，故不利于系统扩充。

四、树型拓扑

1. 基本概念

树型拓扑是从总线拓扑演变而来的，其形状像一棵倒置的树，顶端有一个带分支的根节点，每个分支还可延伸出子分支，如图 5-1 (d) 所示。

树型拓扑通常采用同轴电缆作为传输介质，使用宽带传输技术。当每个节点发送数据时，根节点接收该信号，然后再重新广播发送到全网。这种结构不需要中继器。树型拓扑的优缺点大多和总线拓扑的优缺点相同，但也有一些特殊的地方。

2. 树型拓扑的优点

(1) 易于扩展。从本质上看，这种结构可以延伸出很多分支和子分支，因此新的节点和新的分支易于加入网内。

(2) 故障容易隔离。如果某一分支的节点或线路发生故障，分支和整个系统容易隔离开来。

3. 树型拓扑的缺点

整个网络对根节点的依赖性太大，如果根发生故障，则全网就会瘫痪，因此这种结构的可靠性问题与星型结构类似。

第三节　开放系统互联参考模型

世界上不同年代、不同厂家、不同型号的计算机系统千差万别。将这些系统互联起来就要彼此开放。所谓开放系统就是遵守互联标准协议的实系统。实系统是由一台或多台计算机、有关软件、终端、操作员、物理过程和信息处理手段等组成的集合，是传送和处理信息的自治整体。所谓开放系统互联参考模型（Reference Model of Open System Interconnection，OSI）是由国际标准化组织（International Organization for Standardization，ISO）公布的。所谓开放系统是指遵从国际标准能够实现互联并相互作用的系统。它是为了改变以前各网络设备厂家生产的封闭式网络设备之间难以实现互联的状况而研究出的一种新型网络体系结构国际标准。OSI 为开放互联系统提供了一种 7 层的功能分层框架。网络功能分层是因为网络通信功能的实现是很复杂的一件事情，为了便于解决和实现，采用了人类解决复杂问题时常用

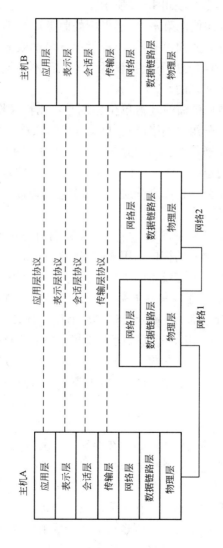

图 5-2　OSI 的 7 层结构

203

的分解原理，即将一个复杂事物分解为若干个相对简单便于解决的事物，分层的多个简单的事物都解决了，总的复杂的事务也就解决了。OSI 7 层结构如图 5-2 所示。

OSI 的第 n 层使用第 $n-1$ 层提供的服务以及第 n 层的协议实现本层的功能，并向第 $n+1$ 层提供第 n 层的服务（即第 n 层的功能）。上层直接使用下层提供的服务，而不必关心该服务在下层具体是如何实现的。

OSI 各层数据传输的基本单位分别是：比特（物理层）、帧（数据链路层）、分组（网络层）、报文（传输层及以上高层）。

通信协议是通信双方（信源与信宿）必须共同遵守的一组规则。OSI 各层规定的功能，由该层的相关协议来规定其实现的细则。功能分层，协议也随之分层。OSI 各层功能简要介绍如下：

（1）物理层。

物理层是 OSI 的最底层，它建立在物理通信介质的基础上，作为系统和通信介质的接口，用来实现数据链路实体间透明的比特流传输。它规定通信设备的机械的、电气的、功能的和过程的特性，用以建立、维持和释放数据链路实体间的连接。具体地说，这一层的规程都与电路上传输的原始比特有关。它涉及用什么电压代表"1"，用什么电压代表"0"；一个比特持续多少时间；传输是双向的，还是单向的；一次通信中发送方和接收方如何应答；设备之间连接件的尺寸和接头数；以及每根连线的用途等。

（2）数据链路层。

数据链路层的主要用途是为在相邻网络实体之间建立、维持和释放数据链路连接，并传输数据链路服务数据单元。亦即数据链路层的主要职责是控制相邻系统之间的物理链路，它在物理层传送"位"信息的基础上，在相邻节点间传送被称为帧的数据信息，数据链路层由于种种原因也可能在传输中出现差错，也需进行检错、纠错，从而向网络层提供无错的透明传送。数据链路层软件是计算机中网络最基本的软件。该层是任何网络都必须有的层次，相对于高层来说，所用的服务和协议比较成熟。

（3）网络层。

广域网一般具有 OSI 7 层结构中的低 3 层，即物理层、数据链路层和网络层。网络层的功能主要是在源计算机与目标计算机之间的通信子网存在的多条路径中选择一条最佳路径，以及拥塞控制和记账功能（根据通信过程中交换的分组数或字符数或比特数收费）。当传送的分组跨越一个网络的边界时，网络层应该对不同网络中分组的长度、寻址方式、通信协议进行变换，使得异构网络能够互联。

（4）传输层。

传输层在广域网中位子资源子网，从传输层向上的会话层、表示层、应用层都是属于端—端的主机协议层。传输层是在优化网络服务的基础上，为源主机和目标主机之间提供可靠的价格、合理的透明数据传输，使高层服务用户在相互通信时不必关心通信子网实现细节。换言之，引入传输层的基本想法是在网络层的基础上再增添一层软件，使之能屏蔽掉各类通信子网的差异，向用户进程提供一个能满足其要求的服务，且具有一个不变的通用接口，使用户进程只需了解该接口，便可方便地在网络上使用网络资源并进行通信。

（5）会话层。

会话层是 ISO/OSI 的第五层，在 ISO/OSI 之前的网络中几乎没有设置该层，可以说会话层是 ISO/OSI 的发明，该层的标准是在 1987 年才形成的，它提供的服务在许多非 ISO/OSI 网中也没有使用。

会话层提供的会话服务可分为两类：

1）会话管理服务。会话管理包括决定采用半双工还是全双工方式进行会话。若采用半双工方式通信，决定收发双方该谁发送，该谁接收等。

2）会话同步服务。将传输的报文分页加入"书签"（编号），当报文传输中途中断时，只需从中断的那一页开始补传即可，而不必从头重新传输整个报文。

（6）表示层。

表示层是 ISO/OSI 的第六层，表示层以下各层只关心如何可靠地传输数据。而表示层目的是处理有关被传送数据的表示问题，它的语法和语义。表示层服务的例子有：数据编码（整数、浮点数的格式以及字符编码等）、数据压缩格式、加密技术等，后两种是数据传输过程所需要的。

表示层的用途是提供一个可供应用层选择的服务的集合，使得应用层可以根据这些服务功能解释数据的涵义。

（7）应用层。

应用层的功能就是为用户提供各种各样的网络应用服务，如文件传输、电子邮件、WWW、远程登录等等。网络应用的种类很多，有些是各类用户通用的，有些则是少数用户使用的，并且新的网络应用层出不穷。应用层负责把那些通用的应用层功能标准化，以免出现许多互不兼容的应用层通信协议标准。常见的应用层标准化通信协议有：HTTP 协议（WWW）、SMTP 协议（E-mail）、FTP 协议（文件传输）、Telent 协议（远程登录）等。

第四节　网络互连设备

网络互联时，必须解决以下问题：在物理上如何把两种网络连接起来，如何在两种网络之间实现互访与通信；如何解决它们在协议方面的差别。这就要使用集线器、路由器、网桥、中继器、网关和调制解调器等网络互联设备。

一、集线器

集线器（Hub）的意思是中枢或多路交汇点。它可以集中完成多台设备连接，并且提供了检错能力和网络管理等有关功能。由于几个集线器可以级连，因此可以作为多个网段的转接设备。

集线器是管理网络的最小单元，是局域网的星形连接点。它对工作站进行集中管理，不让出问题的区段影响整个网络的正常运行。它作为网络传输介质间的中央节点，是一个信号再生转发的设备，因此它可以说是一种特殊的中继器。早期的 Hub 通常都是以优化网络布线结构，简化网络管理为目标而设计的。现在的 Hub 则以高性能、多功能和智能化为设计目标。目前市场上出售的集线器按其功能的强弱可分为 3 档。

（1）低档集线器。它是第一代集线器，只是将分散的、用于连接网络设备的线路集中在一起，以便于管理和维护，故称集线器。低档集线器除了完成集线功能外，还具有信号的放大和定时功能。集线器广泛用于局域网中连接各种网络设备。

（2）中档集线器。它不仅能够连接多个设备，而且还能够连接多个同构局域网。该类集线器具有多个插槽，根据网络类型的不同将相应的网卡插入插槽。例如插入一个以太网卡连接以太网，插入一个令牌网卡来连接令牌环网。中档集线器还具有低档的网络管理功能，可以实现对本地网络和少量远地节点的管理。

（3）高档集线器。它也称为高档智能集线器，是为了满足构建企业网络的要求而设计的。高档集线器不仅具有传统集线器将多个节点汇接到一起的能力，而且采取了模块化结构，可根据需要选择各种模块，包括模块支持的传输媒体、与媒体的连接方式和通信协议等，这样可以互联相同或不同类型的网络。此外，高档集线器有很强的网络管理功能，用来集中管理工作站、服务站和集线器等。

二、路由器

路由器（Router）属于网络层的互联设备。网络层、数据链路层和物理层可以执行不同的协议。但数据链路层以上的高层要采用相同的协议，协议的转换由路由器完成，从而消除了网络层协议之间的差别。路由器分本地路由器和远程路由器。本地路由器是用来连接网络传输介质的。如光纤、同轴电缆、双绞线；远程路由器是用来连接远程传输介质的，并要求相应的设备，如电话线要配置调制解调器，无线要配置无线接收机和发射机。

1. 路由器的工作原理与作用

路由器具有判断网络地址和选择最合理路径的功能。它能在多网络互联环境中建立灵活的连接，可用完全不同的数据分组和介质访问方法连接予网。路由器只接受源站或其他路由器的信息。

路由器在网络层实现网络互联，类似于交换机和网桥的工作方式。路由器是按照逻辑上而不是物理上划分的网络来设计的。一个 IP 路由器把网络分成各种子网，只有指定 IP 地址的信息流才能够在网络段之间通过，这种智能转发与过滤往往以网络速度为代价。如图 5-3 所示，局域网 LAN1 中的 PC1 的网络层生成了一个或多个分组，这些分组带有源 IP 地址和目的 IP 地址。如果 LAN1 中的 PC1 要向 LAN3 中的目的节点 PC3 发送数据，它只要将带有源 IP 地址与目的 IP 地址分组装配成帧发送出去。连接在 LAN1 的路由器接收到来自源节点 PC1 的帧后，路由器通过执行复杂的路由算法，检查其分上组头，根据分组的目的 IP 地址去查路由表，确定该分组输出路径。路由器确定该分组的目

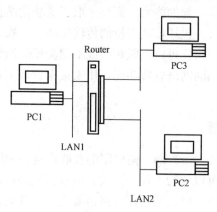

图 5-3 路由器工作原理示意图

的节点在 LAN2 后，它会将该分组发送到目的节点 PC3 所在的 LAN2 上。

目前，根据路由器内所采用的路由算法的不同，确定了 3 种较为重要的路由器标准。

（1）路由信息协议（RIP）。这是最早推出的用于互联 TCP/IP 网络的路由器协议标准，目前已经被广泛使用并已成为基本的工业标准。但是，该标准对网络中使用的数目上做了限制，同时还对从源站到目的站所发送的分组数目做了限制，从而妨碍了在大型企业中的应用。

（2）开放式最短路由优先（OSPF）。该标准针对 RIP 的上述缺点做了较大改进，它既不限制在互联网中使用路由器的数目，也不限制在源站和目的站之间传送的分组数目，因而它可以用于大型企业中。尽管 OSPF 比较完善，但目前还没有完全取代 RIP。

（3）中间—中间系统。这是由 ISO 提出的，是一个比较完善的标准，但目前也未被广泛使用。

2. 多协议路由器

如果互联的局域网高层采用了不同的协议，就要使用多协议路由器（Multiprotocol Router）来连接。例如一种是 TCP/CP 协议，另一种是 SPX/IPX 协议（NetWare 的网络层与传输层协议分别是 IPX 与 SPX），SPX/IPX 协议与 TCP/IP 协议有很多的不同之处。因此，分布在互联网中的 TCP/IP 主机只能通过 TCP/IP 路由器与其他互联网中的 TCP/IP 主机通信，但不能与同一个局域网或其他局域网中的 NetWare 主机通信。对于 Net-Ware 主机也如此，这种结构的缺点就是互联网之间的通信受到路由器的限制。解决这个问题，主要有以下两个方案。

（1）使用不同协议的路由器。TCP/IP 路由器与 NetWare 路由器分别在互联的局域网之间，建立两个相互独立的通道。它们分别为各自主机 IP 和 IPX 分组完成路由选择与转发功能。很显然，这种采用多种路由器去适应多种协议的方法是不可分的。

（2）采用多协议路由器。多协议路由器具有处理多种不同协议分组的能力，例如它可以处理 IP 分组与 IPX 分组，还具有对这两种类型分组的路由选择与分组转发的能力。多协议路由器同时要为不同类型的协议建立和维护不同的路由表。

三、网桥

网桥（Bridge）是在数据链路层上实现不同的互联设备，在数据链路层以上采用相同的协议，可以用来连接相同体系结构的网络系统。网桥的功能在延长网络跨度上类似于中继器，然而它还能提供智能化连接服务，即根据帧的终点地址处于那个网段来进行转发和滤除。网桥以接收、存储、地址过滤的转发方式实现网络之间的通信。它还可以分割两个网络之间的广播通信量，在不同类型的介质电缆间发送数据，网桥能将数据从一个电缆系统转发到另一个电缆系统上的指定地址。网桥的工作是读网络数据包的目的地址，确定该地址是否在源站同一网络电缆段上，如果不存在，网桥就要顺序地将数据包发送给另一段电缆。

当多段电缆通过网桥连接时，可以有 3 个结构连接方式：级联网桥拓扑结构、主干网桥拓扑结构、星形拓扑结构。所有网桥都是在数据链路层提供连接服务，网桥是为各种局域网存储转发数据而设计的，它对末端节点用户是透明的，末端节点在其报文通过网桥时，并不知道网桥的存在。网桥有内桥和外桥两种，内桥由文件服务器兼任，外桥是专门的一台微机来做两个网络的连接。设备外桥可以是专用的，也可以是非专用的。专用外桥不能作为工作站使用，它只能用来建立两个网络之间的连接，管理网络之间的通信。非专用外桥既起网桥的作用，又能作为工作站使用。

网桥最常见的是互联两个局域网，如图 5-4。两个局域网 LAN1 与 LAN2 通过网桥互联，LAN1 中的 PC1 如果想与同一局域网的节点 PC2 通信时，网桥可以接收到发送帧，但网桥在地址过滤后，认为不需要转发而将该帧丢弃。如图 PC1 要与

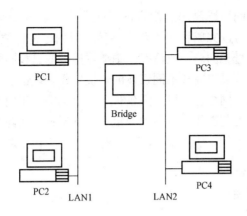

图 5-4　网桥工作原理示意图

LAN2 中 PC4 通信，PC1 发送的帧被网桥接收到，网桥在进行地址过滤后，识别出该帧应发送到 LAN2，此时网桥将通过与 LAN2 的网络接口向 LAN2 转发该帧，处于 LAN2 中的 PC4 将能接收到 LAN1 中的 PC1 发送的帧。这表明，如果 LAN1 与 LAN2 上各有一对用户在本网段同时进行通信，是可以实现的。因此，网桥起到了隔离作用，并且在一定条件下起到了增加带宽的作用。

使用网桥进行互联克服了物理限制，这意味着构成 LAN 的数据总数和网段很容易扩充。网桥的存储和转发功能可使其适应连接使用不同介质访问控制（MAC）协议的两个 LAN，因而构成一个不同 LAN 混连在一起的混合网络环境。但是，由于网桥不提供流控功能，因此在流量较大时会造成帧的丢失。

四、中继器

中继器（Repeater）工作于 OSI 的物理层，是局域网上所有节点的中心，它的作用是放大信号，补偿信号衰减，支持远距离的通信。由于信号在传输线上传输时信号功率会逐渐衰减，衰减到一定程度时将造成信号失真。因此，必须限制每段传输线的最大长度，当网络段已超过规定的最大距离时就要用中继器来延伸。中继器可以完成物理线路的连接，对信号进行放大和再生，保持与原信号相同。一般情况下中继器连接的是相同的媒体，但有的中继器也可以完成不同媒体的转接工作。理论上中继器的使用是无限的，网络也可以无限延长，但事实上由于网络标准中都对信号的延迟范围作了具体的规定，中继器只能在此规定范围内进行有效的工作，所以很多网络上都限制了工作站之间加入中继器的数目。

五、网关

网关（GateWay）用于连接网络层之上执行不同协议的子网，从而形成异构型网络互联。例如，一个 NetWare 客户节点要与小区网络（SNA）网中的一台主机通信，由于 NetWare 与 SNA 的高层网络协议是不同的，局域网中的 NetWare Client 不能直接访问 SNA 网中的大型机。如果两者要进行通信，就必须使用网关，它可以完成不同网络协议之间的转换。网关的作用是在 NetWare 节点产生的报文上加上控制信息，并且将它转换成 SNA 自己能够处理的格式。当 SNA 主机要向 NetWare 节点发送信息时，网关同样要完成 SNA 报文格式到 NetWare 报文格式的转换。

NetWare 与 SNA 通过 GateWay 互联的结构图，见图 5-5。

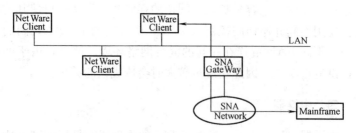

图 5-5　NetWare 与 SNA 通过 GateWay 互联的结构图

1. 实现网络互联的层次

网关可以对不同的传输层、会话层、表示层和应用层协议进行翻译和变换，因此可以实现在不同层次上的互联。

（1）在应用层实现互联。应用层网关可以执行两套或多套完整的协议。

（2）在运输层实现互联。在运输层实现互联的网关称作运输层网关。当两个网络采用不同协议的通信子网，并且他们运输层也不兼容时，就要采用运输层网关来实现网络互联。例如当局域网与广域网互连时，就属于这种情况，此时网关具有将局域网运输层及其以下各层次的协议转换成广域网运输层及其以下各层次的协议，或相反的协议转换的功能。

（3）在网络层实现互联。在广域网与广域网之间互联时，广泛采用的方法是在网络层实现互联，这时的网关被称为网络层网关，它必须对每一个互连网络中网络层、数据链路层和物理层协议进行反映的转换。

2. 网关实现协议转换的方法

网关通过使用适当的硬件和软件，来实现不同的网络协议之间的转换功能，主要有两种方法。

（1）直接将输入网络信息包的格式转换成输出网络信息包的格式。假如两个网络通过一个网关来互联的话，那么最简单的方法就是直接输入网络信息包的格式转换成输出网络信息包的格式。一个双边网关能进行两种网络协议的转换，即由网络1到网络2或由网络2到网络1。如果互联的 n 个网络，则要求能进行 $n(n-1)$ 种转换，这就说明要编写 $n(n-1)$ 种协议转换程序模块。互联的网络数越多，n 越大，需要编写协议转换模块的工作量也就越大。同时，对网关的存储空间与处理能力的要求也就越高。

（2）将输入网络信息包的格式转换成一种统一的标准网间信息包的格式。它与前一种方法不同，它制定了一种统一的标准网间信息包格式。网关在输入端将输入网络信息包格式转换成标准网间信息包格式，在输出端再将标准网间信息包格式转换成输出网络信息包格式。由于这种标准网间信息包格式只在网关中使用，而不在互联的各网络内部使用，因此不需要互联的网络修改其内部协议。这种采用标准网间信息包格式网关要完成 4 种转换：网 1—网间、网 2—网间、网间—网 1、网间—网 2。当信息包从网 1 进入网间时，它将被转换成标准网间信息包格式（网络间合适），在输出端网关再将它转换成输出网络信息包的格式。这种方法在互联的 n 个网络时只需要编写 2n 个转换程序模块。与前一种方法相比，n 越大，软件设计工作量减少得越多，优越性体现得越明显。

　　3. 路由器、网桥与网关的区别

　　路由器操作的层次比网桥高，它是对网桥功能的改进，提供的服务更为完善。路由器需要了解整个网络的状态，维持互联网络的拓扑，才可以进行最有效的路径选择。网关一般运行在 OSI 模型的高层，是网络层以上的互联设备的总称。因此，在整个互联设备中，网关的功能最强。

第五节　IEEE802 局域网标准系列

　　由于局部网络的迅速发展，产品的种类和数据剧增，形成了局部网络在传送媒体的使用、访问控制技术的开发以及数据链路控制的办法等方面多样性的特点。为此美国电气及电子工程师学会（IEEE）于 1980 年 2 月成立专门的机构来制定局域网的有关标准，该机构以其成立时间取名为 "IEEE802 局域标准委员会"，简称 "IEEE802 委员会"。

一、IEEE802 标准模型

　　IEEE 认为，实现局域网通信对 ISO 高 5 层协议不必多加改动，其主要的工作是对最低两层（即物理层和数据链路层）制定出规程。所以说，局域网参考模型 IEEE802 是在 ISO 模型最低网层实现或完成最基本通信功能的。

　　1. IEEE802 局域网标准系列的主要内容

整个 IEEE802 局域网标准系列主要包括以下内容：

IEEE802.1A：体系结构；

IEEE802.1B：寻址、网间互联和网络管理；

IEEE802.2：逻辑链路控制 LLC；

IEEE802.3：带冲突检测的载波侦听多路访问控制方法
（CSMA/CD）；

IEEE802.4：令牌总线（Token Bus）访问控制方法和物理
层协议；

IEEE802.5：令牌环（Token Ring）访问控制方法和物理层
协议；

IEEE802.6：大城市地区网络（MAN）标准（覆盖大城市
25～35km 范围的网络）；

IEEE802.7：宽带局域网标准；

IEEE802.8：光纤标准；

IEEE802.9：集成化局域网；

IEEE802.10：交互局域网安全性标准；

IEEE802.11：无线局域网；

IEEE802.12：100VG-Any 局域网。

由于人们不断对局域网提出新的应用要求，因此 IEEE802
委员会还在制订其他相关标准。

2. IEEE802 局域网标准之间的关系

由于局域网要采用总线型、环型和星型拓扑结构，任意两台
计算机之间都有一条直接的通路，没有路由问题。所以，不需要
单独设立进行路由选择的网络层，而可把网络层中的寻址排序、
流量控制、差错控制等功能放在数据链路层中实现，这样就把局
域网的层次结构简化为只有物理层和数据链路层。

在局域网协议中，考虑到不同类型的网络均能兼容，把 OSI
模型的数据链路层定义成两个子层，即逻辑链路控制（LLC）子
层和介质访问控制（MAC）子层。LLC 子层与传输介质无关，
而 MAC 子层则依赖于传输介质。由于设置 MAC 子层与传输介

质无关，使得 IEEE 标准具有良好的可扩展性，有利于将来采用新的传输介质和新端点介质访问控制方法。在一个局域网中不存在路由选择问题，所以不单独设立网络层，但是当把多个局域网互连起来时，就涉及路由选择问题，此时专门设置了一个层次用来完成此项功能，这一层在 IEEE 标准中称为网际层。

二、局域网络与 OSI 模型

OSI 七层模型是国际标准化组织 ISO 为计算机联网建立的一个参考模型。它考虑的是最一般的情况，几乎将任何一种连网环境和实现所有的网络服务所需的功能支持都归纳入其中。但是，在一个具体的网络环境中，往往并不要 OSI 模型中规定的那么多功能，就能够满足用户对网络服务的需求。局域网就是这样一种情况。局域网并不严格地实现 OSI 型的所有功能，局域网协议的各个功能模块与 OSI 模型具有大致的对应关系，其中局域网络的电缆和连接器实现各计算机之间的物理连接，相当 OSI 物理层的功能；网卡和网卡驱动程序实现真的可靠传输，相当于数据链路层的功能。图 5-6 显示了 IEEE802 协议标准与 ISO/OSI 参考模型局域网的对应关系和 IEEE802 局域网标准之间的关系。

图 5-6　IEEE802 协议标准与 ISO/OSI 参考模型间的对应关系

为适应不同的传输介质，IEEE802.3 先后定义了四种物理层标准：

（1）10Base5：粗同轴电缆网或称为标准以太网（最早的以

太网标准）；

　　（2）10Base2：细同轴电缆网或称为廉价以太网标准；

　　（3）10BaseT：无屏蔽双绞线以太网标准；

　　（4）FOIRL：光纤以太网标准。

　　上述标准中，10Base5 和 10Base2 是总线拓扑结构，FNIRL 支持星形拓扑。10BaseT 是 1990 年 9 月由 IEEE802 委员会宣布推出的标准，正式定 IEEE802.3 是一种以无屏蔽双绞线作为传输介质，数据率为 10Mbps，采用星形拓扑的网络结构。

　　通信电缆与网络节点连接形成的几何图称为网络的拓扑结构。每种拓扑结构各有特点，不同的拓扑结构要求采用不同的介质访问控制（MAC）协议，例如上面已介绍过 IEEE802 为总线拓扑和环形拓扑建立的三种协议标准 CSMA/CD、Token-Ring 和 Token-bus。

第六节　以太网系列

　　以太网系列是一种产生较早且使用相当产泛的局域网。交换式及快速式以太网将确保以太网保持旺盛的生命力。在整个 20 世纪 80 年代以太网与 PC 机同步发展，传输速率从 20 世纪 80 年代初的 10Mbit/s 发展到 20 世纪 90 年末的 1Gbit/s。以太网支持的传输媒体从最初的同轴电缆发展到双绞线和光缆。星型拓扑的出现使以太网技术上了一个新台阶，获得更迅速的发展。从共享型以太网发展到交换型以太网，并出现了全双工以太网技术，致使整个以太网系统的带宽十倍、百倍地增长，并保持足够的系统覆盖范围。在以太网无处不在的今天，以太网以其高价能、价格低廉、使用方便的特点将继续获得发展，10Gbit/s 以太网标准正在制订中。

一、以太网概述

　　实际上，以太网只是一个具体局域网的名称。它是按照

IEEE802.3标准规定的，采用带碰撞检测的载波侦听多路访问CSMA/CD方法对共享媒体进行访问控制的一种局域网。

最早试验型以太网由Xerox公司在20世纪70年代中期开发的。此后，Xerox得到DEC和Intel公司的支持，三家公司一起参加标准和器件的开发工作。由于它具有结构简单、工作可靠、易于扩展等优点，得到了广泛的应用。1980年，由三家公司联合提出了以太网规范，这就是世界上第一局域网的技术标准。到了1985年，IEEE802委员会正式推出IEEE802.3 CSMA/CD局域网标准，它描述了一种基于D1X以太网标准的局域网系统。此后，IEEE802.3标准又被国际标准化组织（ISO）接收成国际标准，成为正式的开放性的世界标准，被全球工业制造商所承认和采纳，以太网的国际标准为ISO/IEC8802-3。

以太网的核心思想是利用共享的公共传输媒体，整个以太网在同一时刻要么发送数据，要么接收数据，而不能同时发送和接收。对所有的用户，共享以太网都依赖单条共享信道，所以在技术上不可能同时接收和发送。

从20世纪80年代到20世纪90年代末，随着网络技术及其应用的急剧发展，以太网产品及其技术不断更新和扩展，在拓扑结构、传输率和相应的传输媒体方面与原来的DIX标准有了很大的变化，形成了系列以太网。以太网发展状况见表5-1。

以太网发展状况　　　　　　　　表5-1

年份	类 型	标 准	使 用 媒 体
1982年	10Base5	802.3	粗同轴电缆
1985年	10Base2	802.3a	细同轴电缆
1990年	10BaseT	802.31	非屏蔽双绞线
1993年	10BaseFL	802.3j	光纤
1995年	100BaseT	802.3u	非屏蔽双绞线/光纤
1997年	全双工以太网	802.3x	
1998年	1000BaseX	802.3z	光纤/屏蔽双绞线
1999年	1000BaseT	802.3ab	非屏蔽双绞线

二、10Mbit/s 以太网

根据使用媒体的不同，10Mbit/s 以太网有三种类型，分别为 10Base5、10Base2、10BaseT。它们都是共享媒体型以太网。

1. 10Base5

10Base5 也称为粗缆以太网，其中，"10"表示信号的传输速率为 10Mbit/s，"Base"表示信道上传输的是基带信号，"5"表示每段电缆的最大长度为 500m。10Base5 采用曼彻斯特编码方式，采用直径为 0.4m、阻抗为 50Ω 粗同轴电缆作为传输介质。10Base5 的组网主要由网卡、中继器、收发器、收发器电缆、粗缆、端接器等设备组成。在粗缆以太网中，所有的工作站必须先通过屏蔽双绞线电缆与收发器相连，再通过收发器与干线电缆相连，粗缆以太网的一个网段中最多容纳 100 个工作站，工作站到收发器最大距离 50m，收发器之间最小间距 2.5m。它在使用中继器进行扩展时必须遵循"5-4-3-2-1"规则，其网络的最大长度可达 2500m，最大主机规模为 300 台。

粗缆网中的粗铜缆较贵，同时要求每一个工作站都配置一个收发器和收发器电缆。因此，组网成本较高。

2. 10Base2

10Base2 又称为细缆以太网，其中，10Base 的含义同 10Base5，"2"表示每段电缆的最大长度接近 200m。编码仍采用曼彻斯特编码方式。细缆以太网采用直径为 0.2in、阻抗为 50Ω 的同轴电缆作为传输介质。10Base2 组网由网卡、T 型连接器、细缆、端接器、中继器等设备组成。每一个网段的最远距离为 185m，每一干线段中最多能安装 30 个站。工作站之间的最小距离为 0.5m。当用中继器进行网络扩展时，由于也同样要遵循"5-4-3-2-1"规则。所以，扩展后的细缆以太网的最大网络长度为 925m。

细缆以太网价格便宜，连接方便，但其可靠性较差，尤其是 BNC 及 T 形接头的连接处很容易因接触不良而出现故障，而且某一站点的接头故障都可能导致整个网络瘫痪，不便于维护。

3. 10BaseT

10BaseT 是以太网中最常用的一种标准，其中，10Base 的含义同 10Base5，"T" 是英文 Twisted-pair（双绞线电缆）的缩写，使用双绞线电缆作为传输介质。编码也采用曼彻斯特编码方式。但是，其在网络拓扑结构上采用了以 10M 集线器或 10M 交换机为中心的星型拓扑结构。10BaseT 的组网由网卡、集线器、交换机、双绞线等设备组成。所有的工作站都通过传输介质连接到集线器上，工作站与集成器之间的双绞线最大距离为 100m，网络扩展可以采用多个集成器来实现，在使用时也要遵守 "5-4-3-2-1" 规则。

三、快速以太网

在 80 年代初期至 90 年代大约 10 年的过程中，10Mbit/s 在 LAN 的产品中占有很大优势，特别是以 10BaseT 标准组建网络十分广泛。为了获得更高的带宽，1992 年产生了快速以太网。快速以太网的拓扑结构、帧结构及媒体访问控制方式都完全继承了 10Mbit/s 以太网的 802.3 基本标准。与 10BaseT 类似，既有共享型集线器组成的共享型快速以太网系统，又有快速以太网交换器构成的交换型快速以太网系统。快速以太网的自适应技术可保证 10Mbit/s 以太网能够平滑地过渡到 100Mbit/s 以太网。在统一的 MAC 子层（IEEE802.2）下面，有 3 种快速以太网的物理层，每种物理层使用不同的传输介质以满足不同的布线环境。快速以太网主要有 3 种类型：

（1）100BaseFX。传输介质通常使用 62.2/125/μm 的多模光纤以及单模光缆。在全双工模式下，多模光缆段长度可达 2km，而单模光缆段长度可达 40km。单模光缆的价格比多模光缆高得多。所以，半径在 2km 范围内宜用多模光缆，否则必须用单模光缆。

（2）100BaseT。传输介质基于 3 类 4 对 UTP。原来采用 8

芯 3 类 UT 布线的建筑物在不用更换线缆的情况下可从 10Mbit/s 以太网升级到 100M 以太网。

（3）100BaseTX。传输介质使用 5 类 UTP，最长距离为 100m，使用与 10BaseT 一样的 RJ-45 连接器，可作为智能建筑的楼层 LAN 或主干网。

四、千兆以太网

千兆以太网是 3COM 公司和其他一些主要生产商为适应网络应用及对网络更大带宽的需求而研发的。千兆以太网扩充了 IEEE802.3 标准，已作为 IEEE802.3 的新成员，即为 IEEE802.3z 和 IEEE802.3ab。

虽然千兆以太网在媒体访问控制方式、组网方法及帧格式等方面与 10BaseT 相同。但千兆以太网对媒体访问控制子层（MAC）进行了重新定义，并且重新定义了物理层标准。为了实现高速传输，千兆以太网定义了一个千兆位媒体专用接口 GMII，从而将 MAC 子层和物理层分开，使物理层在以 1000Mbps 速率传输时，当传输所使用的传输媒体和信号编码方式出现变化时不影响 MAC 子层。

千兆以太网标准是现行 IEEE802.3 标准的扩展，经过修改的 MAC 子层仍然使用 CSMA/CD 协议，支持全双工和半双工通信。千兆以太网的光纤和同轴电缆的全双工链路标准部分由 IEEE802.3z 小组负责制定，而非屏蔽双绞线（UTP），电缆的半双工链路标准部分则由 IEEE802.3ab 小组制定。由于千兆以太网保留了以太网的基本原理和基本技术，所以它具有以太网的简单性、灵活性、经济性、可管理性，同时其具有兼容性等特点。

1. 千兆以太网的类型

（1）1000BaseCX。使用一种短距离的屏蔽双绞线（25m），这种双绞线不是符合 ISO U801 标准的 STP，而是一种 150Ω 的平衡双绞线对的屏蔽铜缆，并配置 9 芯 D 型连接器。它适用于一个机房内的设备互联，如交换器之间、千兆主干交换器与主服务器之间的连接。

（2）1000BaseTX。使用 4 对 5 类 UTP（有的厂家的产品不行）和 6 类 UTP，RJ-45 型连接器，无中继最大传输距离为100m。它可作为智能建筑的主干网。

（3）1000BaseLX。在收发器上配置了长波激光（波长一般为 1300nm）的光纤激光传输器，它可以驱动 $62.5\mu m$、$50\mu m$ 的多模光纤和 $9\mu m$ 的单模光纤。在全双工模式下，采用多模光缆最大传输距离可达 550m，采用单模光缆最大传输距离可达5km，连接光缆采用 SC 型光纤连接器。它适用于智能小区和校园主干网。

（4）1000BaseSX。在收发器上配置了短波长激光（波长一般为 800nm）的光纤激光传输器，只能驱动 $62.5\mu m$ 和 $50\mu m$ 多模光纤，在全双工模式下，前者最长距离为 550m，后者为525m，光缆连接器采用 SC 连接器。它可作为智能建筑主干网。

2. 千兆以太网的主要特点

（1）预留带宽。通过资源预定协议为特定的应用提供预留的带宽，满足特定应用对带宽的需求；

（2）完全采用交换方式。每端口独占 1G 带宽；

（3）支持第 3 层交换。为避免网络互联设备成为网络瓶颈，千兆以太网交换机保持交换机的低时延性能，并具有路由器的网络控制能力；

（4）平滑过渡。千兆以太网保持了以太网的主要技术特征，保证了从以太网/快速以太网的平滑过渡。

五、全双工以太网

1. 全双工以太网技术的重要性

从共享型以太网发展到交换型以太网，是局域网技术及其产品发展的一个飞跃。交换型以太网解决了系统的带宽问题，使系统的带宽成十、百倍地增长，目前系统带宽已发展到 1000Mbit/

s，为网络在多媒体方面的应用提供了保证。

假设在系统中有两个互联的以太网交换机分别连接了若干节点，虽然交换机设备本身工作时已不再受到 CSMA/CD 的约束，但在节点到交换机和交换机之间如果还是采用传统的半双工以太网传输方式的话，那么这些网段上不管采用双绞线还是光缆仍要受到介质访问控制 CSMA/CD 的约束，结果导致这些网段上传输介质的长度受到限制。因此，当交换技术发展到一定阶段后，不仅要求整个系统的带宽要达到一定高度，而且还要求整个系统的覆盖范围也要有一定的保证，特别是在 100Mbit/s 及 1Gbit/s 以太网环境中。为了解决上述的问题，全双工以太网技术和产品问世了，并且在 1997 年由 IEEE802.3x 标准来说明该技术的规范。

2. 全双工以太网技术特点

全双工以太网技术与传统半双工以太网技术的区别在于：端口间两对双绞线（或两根光纤）上可以同时接收和发送帧，不再受到 CSMA/CD 的约束，在端口发送帧时不再会发生帧的碰撞。这样，端口之间传输介质的长度仅仅受到数字信号在传输介质上传输衰变的影响，而不像传统以太网半双工传输时还要受到碰撞域的约束。

在全双工以太网中，端口上进行的是全双工还是半双工操作一般可以自适应，也可以通过人工设置。在全双工传输帧时，端口上既无侦听的机制，也不再需要碰撞检测，传统半双工方式下的介质访问控制 CSMA/CD 的机制已不存在。

第七节　串行通信的接口标准

在设计串行通信接口时，必须根据需要选择标准接口，并考虑传输介质、电平转换等问题。串行通信接口标准主要有 RS-232、RS-449 和 20mA 电流环路三大类，其中前两类接口标准又包含几种接口标准。它们各自具有不同的特点，适用于不同的工作场合。

一、RS-232

美国电子工业协会（EIA）于早年公布了 RS-232C 异步串行通信接口标准，它是应用最多的一种标准。该标准定义了数据终端设备 DTE（Data Terminal Equipment）和数据通信设备 DCE（Data Communication Equipment）间按位串行传输的接口信息，合理安排了接口的电气信号和机械要求。

1. RS-232C 的电气特性

RS-232C 的电气标准与 TTL 的不同，它的电平不是＋5V（对地），而是采用负逻辑，即：

逻辑 "0"：＋5～＋15V；

逻辑 "1"：－5～－15V。

因此，RS-232C 不能和 TTL 电平直接相连，使用时必须进行电平转换，否则将会使 TTL 电路损坏。

2. RS-232C 的信号定义

RS-232C 有 25 条信号线，采用 25 芯 D 型连接器，即 DB-25。25 个信号中的一些信号是为通信业务联系或信息控制而定义的，在计算机串行通信中常用的信号有 9 条，采用 9 芯 D 型连接器，即 DB-9。各个引脚的定义如表 5-3 所示，符号含义见表 5-2。

RS-232C 的引脚定义（25 芯）　　　　　　　表 5-2

引脚序号	符号	名　　称	信号流向	说　　明
2	TXD	发送数据	DTE→DCE	数据送 DCE
3	RXD	接收数据	DTE←DCE	从 DCE 接收数据
4	RTS	请求发送	DTE→DCE	DTE 请求 DCE 发送数据
5	CTS	允许发送	DTE←DCE	DCE 允许发送
6	DSR	数据终端准备好	DTE←DCE	DCE 准备好
7	SG	信号地		信号公共地
8	DCD	载波信号检测	DTE←DCE	DCE 接收另一端送来的载波信号
20	DTR	数据终端准备好	DTE→DCE	数据终端准备好
22	RI	振铃指示	DTE←DCE	振铃指示

			RS-232C 的引脚定义 （9 芯）				表 5-3	

引脚	1	2	3	4	5	6	7	8	9
符号	DCD	RXD	TXD	DTR	SG	DSR	RTS	CTS	RI

在最简单的全双工系统中，仅用发送数据、接收数据和信号地三根线即可，对于 MCS-51 单片机，利用其 TXD、TXD 线和一根地线，就可以构成符合 RS-232 接口标准的全双工通信口。

RS-232C 采用单端驱动非差分接收电路，接口电路原理图如图 5-7 所示。接收、送发双方共用一条公共信号地线，抗干扰能力较弱。RS-232C 的最大传输距离为 15m，最大波特率为 20Kbps。

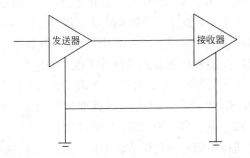

图 5-7　RS-232C 接口电路原理图

3. RS-232C 的接口电路

由于 RS-232C 不能和 TTL 电平直接相连，所以，使用时必须进行电平转换。下面给出两种常用的电平转换电路。一种电平转换电路是采用 MAX232 芯片，其引脚图如图 5-8 所示。MAX232 芯片使用 +5V 单电源供电，片内包括 2 个驱动器和 2 个接收器以及 1 个将 +5V 变换成 RS-232C 所需的 ±10V 输出

图 5-8　MAX232 引脚图

225

电压的电压变换器。由于在单片机通信中大量使用的是只需要+5V电源、具有发送和接收的一体化芯片，所以，MAX232 芯片应用十分广泛。另一种电平转换电路是采用传输线驱动器MC1488 和传输线接收器 MC1489。MC1488 内部有三个与非门和一个反相器，供电电压为±12V 或±15V，输入为 TTL 电平，输出为 RS-232C 电平；MC1489 内部有四个反相器，供电电压为±5V，输入为 RS-232C 电平，输出为 TTL 电平。详细电路略。

二、RS-449

在分布式控制系统和工业局部网络中，传输距离常介于近距离（小于 20m）和远距离（大于 2km）之间。这时，RS-232C 不能满足技术要求，而采用 Modem 又不经济。这样，就需要制定新的串行通信接口标准。EIA 制定了 RS-449 标准。RS-449 主要是关于机械连接和功能方面的标准规范，而它的电气特性则由 RS-423A 和 RS-422A 规定。RS-423A 和 RS-422A 是 RS-449 的标准子集。RS-449 规定了两种接口标准连接器，一种为 37 脚，另一种为 9 脚。在很多方面 RS-449 可以代替 RS-232C 使用，两者的主要差别在于信号的传输方法不同。RS-232C 是利用传输信号与公共地间的电压差，而 RS-449 是利用信号线之间的电压差。

由于 RS-449 采用信号差传输信号，所以，噪声低，可以多个设备并联通信电缆。它与 RS-232C 相比，传输速率高，通信距离长，因而，RS-449 可以不使用调制解调器。

RS-423A 采用有公共信号的非平衡传输技术，接口电路为单端驱动差分接收电路，其原理图如图 5-9 所示，接收、送发双方无公共信号地线。RS-423A 在电气特性上与 RS-232C 兼容。它采用负逻辑，即：

逻辑"0"：+4V～+6V；

逻辑"1"：-6V～-4V。

在传输距离为 10m 时，RS-423A 的波特率可达 300Kbps；

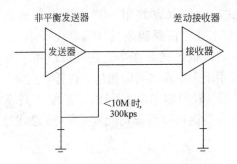

图 5-9　RS-423A 接口电路原理图

在传输距离为 1000m 时，其波特率可达 3Kbps。

RS-422A 采用无公共信号的平衡传输技术，电路为平衡驱动差分接收电路，其原理图如图 5-10 所示。它采用负逻辑，即：

逻辑 "0"：$+2V \sim +6V$；

逻辑 "1"：$-6V \sim -2V$。

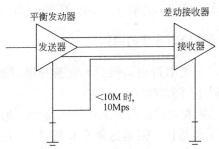

图 5-10　RS-422A 接口电路原理图

RS-422A 使得通信双方因地电位不同而对通信线路产生的干扰减至最小。所以，它比 RS-423A 具有更高的可靠性，数据传输的波特率更高，传输距离更远。当采用普通双绞线时，RS-422A 在 1000m 内，波特率可达 100Kbps；在 200m 内，波特率可达 200Kbps；在 10m 内，波特率可达 10Mbps。因此，这种接口标准被广泛地应用在计算机本地网络上。

另外，还有 RS-485 标准，它是 RS-422A 的变形，适用于半双工通信方式，收发双方共用一对导线进行通信。由于 RS-422A 进行全双工通信需要四条线（两对线），所以，RS-485 与 RS-422A 相比，降低了线路成本。它既可以用于点与点之间的通信，也可以用于多个点之间的通信。这样，当多个工作站互联时，采用 RS-485 既可以节省信号线，又便于高速、远距离传送。所以，许多智能仪器设备均配有 RS-485 总线接口，以便于联网。

三、20mA 电流环路串行接口

20mA 电流环路串行接口是串行通信中广泛使用的一种接口电路，其最大的优点是传输线路电阻低，对电气噪声不敏感，而且易于实现发送器与接收器的光电隔离，抗干扰能力强，因此，在长距离通信时要比 RS-232C 优越得多。该串行接口由 4 根线组成，其中 2 根组成输入电流回路，2 根组成输出电流回路。线路中存在 20mA 电流表示逻辑 1，不存在 20mA 电流表示逻辑 0。

四、串行通信接口选择的原则

上述介绍了三类串行通信接口，在选择串行通信接口标准时，必须注意以下两个方面：

（1）通信速度和通信距离。上述的标准串行接口都有最大通信速度和传送距离指标，但是这两个指标具有相关性，存在矛盾。适当降低传输速度，可以提高通信距离，反之亦然。例如，采用 RS-422A 标准时，若采用波特率为 100Kbps，则最大的传输距离为 1000m；适当降低传输速度，波特率采用 200Kbps，则最大的传输距离可增至 2000m。

（2）抗干扰能力。在规定的最大通信速度和相应的最大传送距离内，上述标准接口都有一定的抗干扰能力，以保证信号传输可靠性。由于在一些工业测控系统，通信环境十分恶劣，因此，在选择通信介质和接口标准时，要充分考虑其抗干扰能力。例如，在长距离传输时，使用 RS-422A 标准接口，采用平衡驱动差分接收电路，能有效地抑制共模信号干扰；使用 20mA 电流环路串行接口，尽管驱动电流大，但是能大大降低对噪声的敏感程度。

第八节　TCP/IP 协议

制定 TCP/IP 协议的起因是为了实现异种机或异种网互联。所谓异种网一般是指参与互联的网络协议层次结构不同、协议功能不同以及协议细节不同。在两个不同网络之间使用协议转换器（网关）互联比较容易实现，而要在众多形式各异的网络之间进行不同协议的转换，使网络中所有的计算机都能够互相通信是非常困难甚至是不可能的。对用户来说，在互联网中必须能够透明地访问网上所有资源。实现这一目的基本思想是建立一种公共的网际协议，互联网上的其他协议都向这一公共协议转换，在网际中屏蔽各子网底层的差异，为用户提供一种通用、一致的数据传输服务，从而实现各种不同网络之间的相互通信。目前世界上最大的互联网络是因特网（Internet），它采用的 TCP/IP 协议就是这样一种协议。

伴随着 Internet 的发展和普及，TCP/IP 协议已成为事实上的网络互联国际标准。智能建筑中 IBMS、SMS 的管理层局域网的发展方向是 Intranet（内联网），也采用了 TCP/IP 协议。TCP/IP 是一组协议的总称，因其中两个最重要的协议——TCP 协议和 IP 协议而得名。TCP/IP 的体系结构共有 4 个层次：应用层、传输层、网际层和网络接口层，如图 5-11 所示。

一、应用层

对于 OSI 模型的会话层、表示层和应用层，一般用于向用户提供一组常用的应用程序，如电子邮件、文件传输等。应用层协议相当多，关系也很复杂，大体上分为 3 类：

（1）依赖于 TCP 的部分协议，例如，文件传输型电子邮件

229

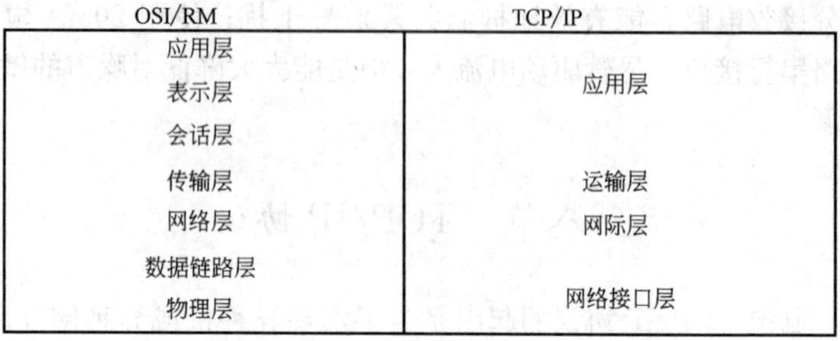

OSI/RM		TCP/IP
应用层		
表示层		应用层
会话层		
传输层		运输层
网络层		网际层
数据链路层		
物理层		网络接口层

图 5-11 TCP/IP 与 OSI 的体系结构的比较

协议 SMTP、文件传输协议 FTP、远程登录协议 Telnet 等。

（2）依赖于 UDP 的部分协议，例如，简单网络管理协议 SNMP、单纯文件传输协议等。

（3）依赖于 TCP 和 UDP 两者的部分协议，例如，ISO 标准的通用管理信息协议 CMOT 和域名系统协议 DNS。

虚拟终端协议允许一台机器上的用户登录到远程机器上，并且进行工作；FTP 协议提供了有效地把数据从一台机器移动到另一台机器上的方法；DNS 服务用于把主机名映射到网络地址；HTTP 协议用于从 Internet 上获取主页等。它们之间的关系如图 5-12 所示。

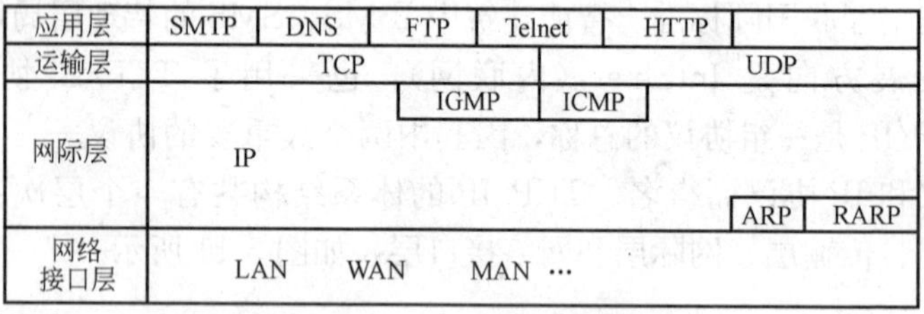

应用层	SMTP	DNS	FTP	Telnet	HTTP		
运输层	TCP					UDP	
网际层	IP		IGMP	ICMP			
						ARP	RARP
网络接口层	LAN	WAN	MAN …				

图 5-12 TCP/IP 协议集

二、传输层

传输层提供可靠的端到端的数据传输，确保源主机传送数据报文正确到达目标主机。这层定义了两个端到端的协议：

（1）传输控制协议（Transmission Control Protocol，TCP）。它是一个面向连接的可靠的传输协议，允许一台机器发出的报文流无差错地发往网络上的其他机器。它把输入的报文流分成报文段并传给网际层。在接收端，TCP接收进程把收到的报文再组装成报文流输出。TCP还要处理流量控制，以避免快速发送方向低速接收方发送过多的报文而导致接收方无法处理。

（2）用户数据报文协议（User Datagram Protocol，UDP）。它是一个不可靠的、无连接协议，用于不需要TCP的排序和流量控制功能的应用程序。它主要应用于传输速度比准确性更重要的报文（如语音或视频报文）。

三、网际层

负责相邻计算机之间（即点到到点）通信，包括处理来自传输层的发送分组请求、检查并转发数据报文，并处理与此相关的路径选样、流量控制及拥塞控制等问题。

在网际层和网络接口层之间有两个协议：地址解析协议ARP和RARP，作为物理地址和IP地址之间的界面，其功能是在寻径过程中屏蔽物理地址的细节。

在网际层，IP协议承担了隔离异质性和统一物理网络功能的作用，并与TCP一起把整个网际中的各物理网络统一为一个虚拟的"逻辑网络"，具体的实现策略是：IP协议主要承担在网际进行数据报文无连接的传送、数据报文寻径和差错控制，通过向上层提供IP数据报和IP地址，并以此统一各种网络的差异性。

四、网络接口层

从TCP/IP层次模型中可以看出，网络硬件部分被视为"物理网络"。与物理网络直接交流的是网络接口层，在这一层以下，网络节点可能是异质的。这一层的协议很多，包括各种逻辑链路控制和介质访问控制协议，例如，各种局域网协议、广域物理网络协议等。网络接口层负责将上层来的 IP 数据报文转变为帧格式并通过网络发送出去，或者接收来自网络物理层的帧，转变为 IP 数据报文，再交给 IP 层。

第九节　智能建筑中的信息网络

随着计算机技术的迅猛发展，计算机的应用逐渐渗透到各个技术领域和整个社会的各个方面。社会信息化、数据的分布处理、各种计算机资源的共享等各种应用要求推动计算机技术朝着群体化方向发展，促使当代的计算机技术和通信技术紧密结合。计算机网络技术就是计算机技术和通信技术相互渗透、密切结合的产物。随着计算机应用的普及和计算机科学的飞速发展，计算机从独立的个体走向集成的网络，从局域网络发展到城域网络和广域网络，进一步扩展到了全球级的世界互联通信网络——因特网。计算机网络已对人类社会、经济、文化及人们的日常生活产生了重大影响，带来了深刻的变革。

智能建筑自动化是计算机网络的一个重要应用领域。由智能建筑的各子系统与计算机网络的关系，可以看出计算机在智能建筑中的重要性。

一、计算机网络与智能建筑各子系统的关系

了解计算机网络与智能建筑各子系统的关系，对于我们认识计算机网络在智能建筑中的作用和地位是非常有帮助的。

（1）计算机网络是提高智能建筑物业管理效率和质量的不可缺少的手段。计算机网络的智能建筑物业管理系统可节省大量人力、物力和财力，并能显著提高工作效率和质量。例如，物管公司基于网络实现房产管理、公共设施管理、收费管理及公司内部管理等，用户可通过网络进行物业报修、查询物业收费信息、物管投诉、意外自动报警、求助呼叫等。

（2）计算机网络互联是智能建筑系统集成的必由之路。不论是智能系统内部的集成，还是智能子系统之间的集成，其本质都是构成计算机网络的互联，解决协议的转换。

（3）计算机网络支撑智能建筑 BAS 的系统监管。BAS 的网络结构可分为下层的监控层网络和上层的管理层网络。监控层网络采用集散式或分布式控制方式，实现对各建筑设备运行状态的实时监视和控制。管理层网络采用计算机网络（以太网为主），实现对整个 BAS 的在线监视和管理，达到系统的最佳运行。目前，以太网技术正在向监控层网络发展，以太网现场总线技术就是控制技术与信息技术的优化组合，能够极大地提高系统性能。

（4）计算机网络是智能建筑办公自动化系统（OAS）的必要基础。办公自动化系统发展到今天，不论是行政型、生产型或经营型 OAS，也不论是事务型、管理型或决策型 OAS，还是内部局域网型或 Intranet 内外互联型 OAS，无一不是建立在计算机网络基础之上的。

（5）计算机网络是智能建筑 CNS 的核心内容之一。在《智能建筑设计标推》（GB/T 50314—2000）中，将 CAS 规范称为 CNS（通信网络系统），其中规定：CNS 应能为建筑物或建筑群的拥有者（管理者）及建筑物内的各个使用者提供有效的信息服务。显而易见，远程教育、网上娱乐、购物、证券、医疗等信息服务需要以计算机网络为平台才可能实现。

二、智能建筑计算机网络的核心技术

1. Intranet

Intranet 的中文译名有：企业内部网、内部网、内联网。简单说，Intranet 就是将 Intemet 技术（TCP/IP、WEB、浏览器服务器模式等）应用于单位内部的 LAN 中。它综合了 Internet 的跨平台、B/S 模式和 LAN 的高带宽、安全性好、易于管理等优点，使得应用系统的开发、维护和使用变得更加高效、便利和简单。单位内部用户既可以通过客户机上的浏览器访问内部

Web 服务器上的共享资源、收发电子邮件、使用业务应用系统等，也可访问单位外部因特网上的各种服务。外部用户亦可访问单位 Web 服务器上发布的信息。

当单位内部的 Intranet 与外部的 Intranet 相连时，就必须考虑如何防止外部网络入侵者对单位内部敏感信息的非法获取问题。以防火墙为代表的被动防卫型安全保障技术已被证明是一种较有效的措施。防火墙是一个包括硬件和软件的系统，置于内外网络之间，是内外网络通信的必由之路。根据本单位的安全策略，对通过防火墙的数据进行检查，允许的让其通过，不允许的禁止其通过，必要的话内外网之间可以完全断开。防火墙也可以用于保护单位内部的某些重要部门（如财务部门）免受来自单位内部其他部门的入侵。

随着因特网及电子商务的迅速发展，企业网络应用从基于 C/S 的 LAN 向基于 B/S 的 Intranet 迁移，是必然的发展趋势。因此，智能建筑中的 LAN 也必然是向 Intranet 发展。

2. 网络层交换

普通交换机工作在 OSI 的第 2 层（数据链路层），以该层中的 MAC 地址作为寻径交换的依据。第 3 层（网络层）交换就是在保留 L2 交换机优点的基础上集成第 3 层的路由功能，使之成为具备路由器功能的交换机，它可作为智能建筑中主干网（快速以太网/千兆以太网）的核心交换机，是未来发展方向。

3. 虚拟局域网

虚拟局域网（简称 VLAN，IEEE802.1Q 标准）是在交换型 LAN 物理拓扑结构基础上建立一个逻辑网络，使得网络中任意几个 LAN 能够根据用户管理需要组合成一个逻辑上的 LAN。一个 VLAN 可以看成是若干站点（服务/客户机）的集合，这些站点不必处于同一个物理网络中，可不受地理位置限制而像处于同一个物理 LAN 那样进行信息交换。VLAN 之间通常用路由器互联。VLAN 对于网络设计、管理和维护带来一些根本性的改变。其主要特点是：（1）降低网络建设管理成本。借助于

VLAN 网管软件，可以轻松地构建和配置 VLAN，避免建设复杂而昂贵的物理 LAN，大大降低网络建设成本和网络管理开销；（2）抑制广播风暴。VLAN 实际上代表着一种对广播数据进行抑制的非路由器解决方案。通过将 LAN 划分为若干个 VLAN，实质上缩小了广播域的范围。一个站点发送的广播帧只能广播到其所在的 VLAN 中的那些站点，其他 VLAN 的站点则接收不到。

4. 智能建筑计算机网络的组网形式

智能建筑计算机网络的组网形式基本上有两类：MN 组网（一般都采用这种方案）和 ISPBX（用户综合业务程控交换机）组网方案。

LAN 的网段跨距（传输介质无中继距离）和系统跨距（系统中两站点间的最大距离）是组网需考虑的一个重要因素。在半双工情况下，网络跨距与系统跨距受有效信号在介质中传输的最大距离与 CSMA/CD 的碰撞槽时间两者共同制约，而在全双工情况下只受介质中有效信号最大传输距离的制约，不受 CSMA/CD 的限制。主流以太网的网段跨距和系统跨距见表 5-4。

主流以太网的网段跨距和系统跨距　　　　表 5-4

以太网类型	传输介质	网段跨距（半双工）/m	网段跨距（全双工）/m	系统跨距（半双工）/m	系统跨距（全双工）/m
10BaseT	3 类 UTP	100	100	500	500
10BaseFL	多模光纤	2000	2000	4000	4000
100BaseTX	5 类 UTP	100	100	205	205
100BaseFX	多模光纤	412	2000	412	2000
1000BaseLX	多模 $62.5\mu m$	330	550	330	550
	多模 $50\mu m$	330	525	330	525
	单模 $9\mu m$	330	5000	330	5000
1000BaseSX	多模 $62.5\mu m$	330	550	330	550
	多模 $50\mu m$	330	525	330	525
1000BaseCX	150STP	25	25	25	25
1000BaseT	超 5/6UTP	100	100	200	200

（1）ISPBX 组网方案。ISPBX 是 ISDN PABX 的简称，可由 PABX 改造升级而成，除了具备 PABX 的话音功能、话务台功能外，ISPBX 还具有较强的数据通信和组网能力。对于数据传输速率要求不高的智能建筑或已安装有 PABX 的已建建筑物的智能化改造，使用 ISPBX 进行组网不失为一种成本低、简便易行的可选方案。通过 ISPBX 进行组网的典型方案见图 5-13。

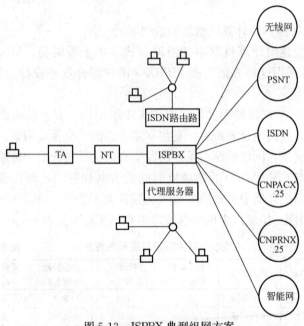

图 5-13　ISPBX 典型组网方案

TA—终端适配器；NT—网络终端

（2）快速以太网组网方案。快速以太网的典型组网方案见图 5-14。

（3）千兆以太网组网方案。千百兆以太网的典型组网方案见图 5-15。

三、有线电视网

有线电视原先称为共用天线电视或 CATV，是在 20 世纪 40

236

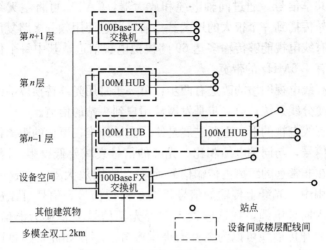

图 5-14　快速以太网的组网方案

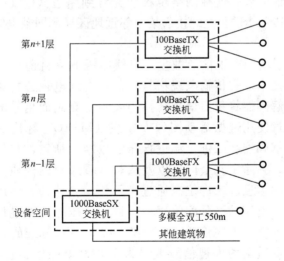

图 5-15　千兆以太网典型组网方案

年代出现的事物，最初是在一些因障碍物而无法接收电视信号的
地区引进的。这种解决方案替代了电杆上的天线，而可以在某个

地区共享信号。通过同轴电缆和放大器，CATV 可将主天线上的信号传播到一个很大的地区。目前，通过使用频分多路复用技术，有线电视能够传输多达 69 路模拟电视信道，其中每个信道都具有 4.5MHz 的带宽。

有线电视网络的改进有两步：第一步是用光纤替换以前的同轴电缆分线系统；第二步是发展从用户到头站的信道。

有线电视的下一重要进展是使用光导纤维在更远的距离传输电视信号，与同轴电缆相比，光纤的信号衰减要低得多。因此，可以在非常远的距离内传输信号而不必使用放大器。在这一实际应用中，光纤上传输的信号仍然是模拟信号。信号可以从多点馈入同轴电缆，在这些馈入点处光学信号被转换为电信号。每条光纤传输线可以为数百人提供服务。不仅如此，还可以利用以前已经架设好的同轴电缆，最高一层是光纤网络，而其低层是同轴电缆。这种网络也称作光纤到路边（FTTC）网络，而"路边"指的是光纤接入某一邻近地区局部同轴电缆网络的接入点。

为了增加电视信道数量，有线电视业界目前正在转向数字传输技术。在传输电视信号之前，有线电视公司通过一种电视编解码器将每门信号转换为表示视频画面信号的二进位流。通过使用遵循活动图像专家组（MPEG）标准的压缩算法，编解码器将二进位流进行压缩以减少所需的传输率。经过压缩，去除了冗余信息以及从观众看来对图像质量没有什么影响的信息。二进位流通过光纤传输到路边，然后通过邻近的同轴电缆网络分配给用户。目前的压缩增益允许网络传输大约 500 路电视信道。采用第一版 MPEG 标准的 MPEG 可以将中等质量的电视信号编码为 1.5Mbit/s 的二进位，再经过调制后所形成信号可以达到大约 600kHz 的带宽。通过在用户家庭安装的机顶装置，可以进行解压缩处理。这种有线电视网络仍然是单向的。

为了提供诸如视频点播、互联网接入、可视电话这样的新的业务，有线电视业界开始致力于双向网络的研制。这种网络通过控制报文的方式将视频服务器与用户连接起来，用户可以通过相应的控制报文选择视频节目，而所选购视频节目通过网络发送到用户。电缆调制解调器可以为用户提供一个具有 3Mbps 传输率（将升至 10Mbps）的接入互联网的共享上行流信道。

第六章　建筑中的移动通信系统

第一节　移 动 通 信

一、概述

所谓移动通信就是指移动体之间、移动体与固定体之间的通信。按照移动体所处运动区域的不同，移动通信可分为陆地移动通信、海上移动通信和空中移动通信。目前实际使用的移动通信系统有航空通信系统、航海通信系统、陆地移动通信系统和国际卫星移动通信系统（INMARSAT）。而陆地移动通信系统又包括无线寻呼系统、无绳电话系统、集群移动通信系统和蜂窝移动通信系统等。目前的移动通信系统以数字移动通信系统发展最为迅速，应用最为广泛。

移动通信系统一般由移动台（MS）、基站（MS）、移动业务交换中心（MSC）以及与市话网（PSTN）相连的中继线等组成，如图 6-1 所示。

移动业务交换中心（MSC）主要用来处理信息的交换和整个系统的集中控制管理。负责交换移动台（MS）各种类型的呼

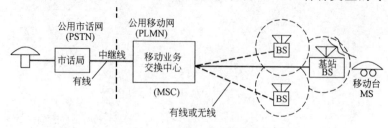

图 6-1　移动通信系统的组成

叫，如本地呼叫、长途呼叫和国际呼叫，提供连接维护管理中心的接口，还可以通过标准接口与基站（BS）或其他 MSC 相连。基站（BS）包括一个基站控制器（BSC）和由其控制的若干个基站收发信系统（BTS），负责管理无线资源，实现固定网与移动用户之间的通信连接，传送系统信号和用户信息。BS 与 MSC 之间采用有线中继电路传输信号，有时也可采用微波中继方式。

移动台（MS）是移动通信系统不可缺少的一部分，它有手持机和车载台等类型。在数字蜂窝移动通信系统中，移动台除基本的电话业务以外，还可为用户提供各种非语音业务。

基站和移动台都没有收发信机和天馈线等设备。每个基站都有一个可靠通信的服务范围，称为无线小区。无线小区的大小，主要由基站的发射功率和天线的高度以及接收机的接收灵敏度等条件决定。大容量的移动通信系统可以由多个基站构成一个移动通信网。由图 6-1 可以看出，通过基站和移动业务交换中心就可以实现在整个服务区内任意两个移动用户之间的通信。也可以通过中继线与市话局连接，实现移动用户和市话用户之间的通信，从而构成一个有线、无线相结合的移动通信系统。

移动通信与固定通信相比，具有下列主要特点：

（1）移动通信的传输信道必须使用无线电波传播。在固定通信中，传输信道可以是无线，也可以是有线，但在移动通信中，由于至少有一方处于运动状态，显然必须使用无线电波传播。

（2）电波传播特性复杂。在移动通信系统中由于移动台不断运动。不仅有多普勒效应，而且信号的传播受地形、地物的影响也将随时发生变化。例如，受建筑物阻挡造成的阴影效应，会使信号发生慢衰落；多径传播会使信号发生快衰落。快衰落使信号幅度出现快速、深度衰落，致使接收信号场强的瞬时值变化达 30dB 以上。

（3）干扰多而复杂。移动通信系统受到的干扰有：

1）天电干扰、工业干扰和各种噪声的干扰。

2）系统内部的干扰，如互调干扰、邻道干扰、同频干扰等。

3）不同系统间的干扰。

（4）组网方式多样灵活。移动通信系统组网方式可分为小容量大区制和大容量小区制两大类。前者采用一个基站管辖和控制所属移动台，并通过基站与公用电话网（PSTN）相连接。后者在蜂窝网中由若干小区组成一个区群，每个小区均设基站，区群内的用户使用不同信道，移动台从一个小区驶入另一个小区时，需进行频道切换。此外，移动台从一个蜂窝网业务区驶入另一个蜂窝网业务区时，被访蜂窝网也能为外来用户提供服务，这种过程称为漫游。

（5）对设备要求苛刻。一般移动通信设备都是便携式或装载于汽车、飞机等移动体中，不仅要求操作简便、维护方便，而且要保证在振动、冲击、高低温等恶劣环境下正常工作，此外，还要求设备体积小、重量轻和省电等。

（6）用户量大而频率有限。我国现有 A、B、C、D、E 和 F 六个频段总共约 5000 个频点，远远满足不了通信业务增长的需求。为了解决这一矛盾，除了开辟新的频段、缩小频道间隔（如将频道间隔从 25kHz 缩窄到 12.5kHz，频道数目即可增加 1 倍）之外，研究各种有效利用频率技术和新的体制是移动通信面临的重要课题。

1. 移动通信的发展状况

第一台移动电话是在 1948 年出现的，几乎与第一台电视机同时诞生，但相当长一段时期不如电视发展快。20 世纪 60 年代初期，美国贝尔实验室提出了蜂窝结构、重复利用频段、区域覆盖、容纳众多用户的方法，为移动通信技术和系统的发展奠定了基础。但直到 80 年代初，在欧洲、美国相继出现了标准化的商用移动通信系统后，移动通信才走上了迅猛发展之路。移动通信的技术发展过程及趋势概括为：

频段——由短波、超短波到微波，目前主要是 150MHz、

450MHz、900MHz 和后来开发的 1800MHz 频段，未来将扩展到 1~3GH 频段。

频道间隔——由 100kHz、50kHz 到 25Hz。

调制方式——由模拟调幅到模拟调频及振幅压扩单边带，再到数字调制。

多址方式——由频分多址（FDMA）到时分多址（TDMA）和码分多址（CDMA）。

器件——由电子管经晶体管到大规模集成电路及微处理器。

网络形式——由点到点通信到网络通信，由专用网到公用网，由小容量大区制到大容量小区制。

覆盖区域——由局部地区、大中城市到全国甚至跨国，由陆地、水面、空中至海陆空一体化。

通信容量——由几百户的小容量系统至大于几万、几十万、几百万户的大系统。

业务——由通信为主到增加传真、静止图像、数据直到综合业务。到目前为止移动通信系统已发展到第二代。第一代移动通信系统是采用 FD-MA 方式的模拟蜂窝系统，如 AMPS，TACS 等。其缺点主要是频谱利用率低，系统容量小，业务种类有限，不能满足移动通信飞速发展的需要。第二代移动通信系统是采用 TDMA 方式或窄带 CDMA 方式的数字蜂窝系统，如 GSM900/DCS1800、IS54、IS95 等。虽然其容量和功能与第一代相比有了很大提高。但其业务种类主要限于话音通信和低速率数据通信，远不能满足新业务种类和高传输速率的需要。随着社会的发展，人们对通信业务种类和数量的需求剧增，在全世界范围内掀起了研究、开发第三代移动通信系统的热潮。

第三代移动通信区别于现有的第一代和第二代移动通信系统。其主要特点概括为：

（1）全球普及和全球无缝漫游的系统　第二代移动通信系统一般为区域或国家标准。而第三代移动通信系统是一个在全球范围内覆盖和使用的系统，它将使用共同的频段及全球统一标准。

（2）具有支持多媒体业务的能力，特别是支持因特网业务的能力　现有的移动通信系统主要以提供话音业务为主，随着发展一般也仅能提供 100kbit/s 的数据业务，GSM 演进到最高阶段的速率为 384kbit/s。而第三代移动通信的业务能力将比第二代有明显的改进。它应能支持话音、分组数据及多媒体业务；应能根据需要，提供所需带宽。ITU 规定的第三代移动通信无线传输技术必须满足以下三种环境要求，即：快速移动环境，最高速率达 144kbit/s；室外到室内或步行环境，最高速率达 384kbit/s；室内环境，最高速率达 2Mbit/s。

（3）便于过渡、演进　由于第三代移动通信引入时，第二代网络已具有相当规模，所以，第三代的网络一定要能在第二代网络的基础上逐渐灵活演进而成。

（4）高频谱效率。

（5）高服务质量。

（6）低成本。

（7）高保密性。

移动通信发展的最终目标是走向个人通信。即：实现任何人可以在任何地点任何时间与其他任何人进行任何方式的通信。个人通信是人类通信发展的理想。在现代，人们的活动范围很广，可以说是生活在一个活动社会之中。如果只能依靠固定的通信工具，那么在移动时就将成为被隔绝信息的人了。今日的社会又是一个信息的社会，信息的中断，即使是短时的也可能对某些人或某些情况造成无可估量的损失。因此，移动通信的需求是广泛而迫切的。移动通信就是指通信的双方至少有一方处于运动中的信息交换的通信方式，它保证用户能随时随地快速、可靠地进行信息服务。

第二次世界大战极大地促进了移动通信的发展。由于战时的需要，各国武装部队装备了大量的无线电系统，从而导致了移动通信的巨大变化，在 20 世纪 50 年代以后，逐渐开始引入民用，并且各种通信系统相继建立，在技术上实现了移动电话系统与公众电话网的连接。1970 年开发了模拟蜂窝系统，在通信理论上先后形成了香农信息论、纠错码理论、调治理论、信号检测理论、信号与噪声理论和信源统计理论等，这些理论加速了现代移动通信技术的发展，使得它们应用日趋完善。尤其是大型集成电路的出现，大大减小了移动通信设备的体积，同时降低了功耗，增强了可靠性，使得移动通信更加实用、便捷，从而更加促进移动通信的发展，相继出现了脉码通信、微波通信和卫星通信等新的手段。

2. 固定网络和移动网络之间的差别

在通信中使用无线接口使移动通信与有线电话网有很大差异，主要表现在 3 个方面。

(1) 频谱受限。无线电频谱，实际上也就是无线接入的容量，无线电频带受国家和国际无线电管理组织的限制，不能无限增大；而固定通信系统可以随着人口增长和需求的增加，通过增加电缆线把用户接到电话网中就能满足需要。移动通信利用蜂窝频率复用技术解决无线电频带受限的问题，缓解了频率资源紧张的矛盾。蜂窝的意思是把一个大区域服务区分成若干小区，相邻的小区使用不同的频率进行传输，以避免相互干扰。

(2) 线链路的波动性。有线电话网在通话过程中其传输链路始终保持很高的信道质量，而移动通信的无线链路由于受到用户移动环境的变化（如障碍物、移动反射体及各种类型的外部干扰）等影响，使得线链路的波动性增大。

(3) 用户接入点的不确定性和可变性。不像有线电话网络用户是在网络上的两个固定点之间进行通信。访问一个移动无线电网络时要求允许用户根据所在的位置改变其接入点，即使处于单项通信时也应如此，所以移动通信的接入要求能工作在两种方式：①网络允许系统能对用户，无论位于网络什么位置都能对其进行定位（位置管理）；②网络能确保用户在呼叫过程中从一个接入点移动到另一个接入点时不会发生通信中断。

3. 数字蜂窝移动通信的概念

移动电话系统的服务区域覆盖方式可分为小容量的大区制和大容量的小区制两种方式。其中大区是指在一个服务区域（如一个城市）内只设一个基站，由它负责移动通信的联络和控制，如图 6-2 所示。通常为了扩大服务区域的范围，基地站天线架得都很高，发射机输出功率也需要较大（一般为 50W 以上），其覆盖半径大约为 30~50km。

小区制是把整个服务区域划分为若干个小区，每个小区分别设一个基站，负责本小区移动通信的联络和控制。同时又可在移动通信业务交换中心的统一控制下，实现小区之间移动用户通信的转接，以及移动用户与有线电话用户的联系。比如可以把图 6-2 中的服务区分为 7 个小区，如图 6-3 所示。每个小区各设一个小功率基地站，发射功率一般为 5~10W，满足各无线小区移动通信的需要。这样，移动台在一个小区使用频率 f_1 和 f_2 时，在另一个小区另一个移动台也可以使用这对频率进行通信，这就是频率复用技术，即在一个基站所使用的频率可以在距离这一基站足够远的其他基站重复使用。此外，基站的控制范围还可以根据实际用户数的多少灵活确定。但是，这种体制在移动台通话过程中，从一个小区转入另一个小区的概率增加了，移动台需要经常更换频道。基站越小，通话中转换频道的次数就越多，这样就对控制转换功能的要求提高了，再加上基地站数量的增加，建网的成本也提高了，所以基站的规模也不宜太小。

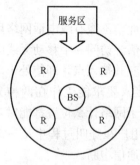

图 6-2　大区制通信网

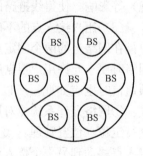

图 6-3　小区制通信网

二、移动通信系统的工作方式

在移动通信系统中，按无线信道的使用频率和信息传输方式，其无线电路的工作方式可分为单工制、半双工制、双工制3种。

1. 单工制

单工制是指收发使用同一个频率的按键通信方式（所有终端和基站共用一个信道）。即发送时不能接收，接收时不能发送，因此接收时发射机不工作，反之亦然。每个移动台轮流发射，当一个移动台发射时，其余的发射台都要处于接收状态，如果 A 方要发话，则按下其收发控制按键，使发射机处于发射状态，其他方则处于接收状态；轮到 B 方要发话时，也同样按下其发射按键，使发射机处于发射状态，A 方则处于接收状态。这种方式不论 A 方还是 B 方（只要是发射方）在发话时，其接收机均不工作。单工制是一种通信双方只能轮流地发射和接收的工作方式。单工制只能使用一个频率，所以具有以下优点：

1）收发使用一个频率，不需要天线共用装置；

2）组网方便，不论固定台与固定台、固定台与移动台、移动台与移动台之间，只要是处于场强覆盖范围之内，都能使系统内的两个电台之间通话，而且第三者也能插入通话，系统组网较为方便；

3）由于收发通信机之间是交替工作的，所以不会造成收发之间的反馈，而且发信机工作时间相对较短，耗电小，设备简单，造价便宜，适用于较大面积的空地和空中通信。

2. 半双工制

半双工制是指收发通信机分别使用两不同的按键通话制式。在半双工网络中，每个信道包含一对频率，基站充当转发器，移动台不需要天线共用装置，适合电池容量小的设备制式。这种方式是基站和移动台分别使用两个频率，基站是双工通话，而有的台为按键发话，所以称为半双工制。这种方式与同频单工制相比，其优点是：

1）受临近站干扰小；

2）有利于解决紧急呼叫；

3）可使基站常发，能使移动台处于噪声被抑制状态，不需要进行静噪调整。这种方式在智能小区保安巡警系统中经常应用。

3. 双工制

双工制是一种不用按键就能实现通话的制式，公用移动通信系统都采用这种制式。它分为同频双工及异频双工，应用较普及的是异频双工。异频双工就是收发使用不同的频率（收发频率之间要有频率间隔），它的特点是移动台的接收同时工作，不需要按键控制双向通话，而移动台则需要天线共用装置。这种方式的优点是：

1）由于发送频率和接收频率带有一定的间隔（10MHz 或 45MHz），所以可以大大地提高抗干扰能力；

2）使用方便，不需要收发控制操作，特别是在移动通信系统中的使用便于与公众电话网的接口；

3）适宜于多频道同时工作的系统，这些频道在频率上是互相分开、互不重叠的。

三、无线接入信道与电波传播

通过无线电波传送信号是移动通信的应用基础，因此进行移动通信系统设计就必须研究无线电信道传播特性，只有掌握了无线电波传播特性，才能正确设计一个移动通信系统。

反射、绕射和散射对电波的传输都能产生较大的影响，另外，信号在发射天线和接收天线间进行传播时，会受到多种不利因素的影响，这些因素能引起信号质量的下降，导致接收的信息发生错误。影响信号在移动无线环境中传输的因素主要有 3 种：由传输距离引起的路径损耗；由阴影效应（发射与接收间的障碍）引起的损耗；由多径传播引起的信号衰落。

1. 多径和衰落特性

无线电波在传播过程中会遇到各种障碍物产生电波反射和吸收，因此，在此过程中无线电波经反射会产生一组各种途径的信号，出现多径现象。这组信号互相产生矢量叠加，会使移动台在某些位置信号很强，某些位置很弱，信号受到衰落。所以说，衰落是由于移动台在空间变化场中运动而产生的。

2. 阴影效应

电波传播过程中受到自然或人造物体阻挡而产生损耗，这种现象叫做阴影效应或阻挡效应。发射天线与接收天线之间的障碍越大，信号受到的损耗越大。发射天线与接收天线所处的位置为下列情况时信号所受到的影响不一样。

（1）视距。发射天线与接收天线间没有阻挡物，彼此之间直接相对，此时信号直接从发射位置传输到接受位置。

（2）非视距。发射天线与接收天线之间存在一个或多个障碍物，彼此之间被隔断，此时信号从发射位置到接收位置之间的直射路径不存在。这种阴影效应会导致接收信号能量的下降，产生衰落现象，这种衰落称作阴影衰落。阴影衰落的信号电平的起伏相对较慢，因此，阴影衰落为慢衰落。慢衰落通常是由一个具有平均能量的 Lo-normal 概率分布和标准来模拟的。在蜂窝环境中典型的标准值大。

（3）多普勒频移。由于移动台是经常处于移动状态，所以会产生多普勒效应，这种频移影响由两个参数确定接收机相对与发射机的运动方向和运动速度。如果用 λ 表示信号的波长，f 表示信号载频，v 表示移动台相对发射机的运动速度，则移动台收到的信号频率为

$$f' = f - \frac{v}{\lambda} \tag{6-1}$$

多普勒频移由下式计算

$$\Delta f_v = f_0 \frac{\Delta v}{c} \tag{6-2}$$

式中 f_0——信号载频；

Δv——发射机与接收机之间的相对速度；

c——光速。

多普勒频移导致信号产生随机频率调制，并影响多径信号，使一些多径信号具有正的频移；另一些多径信号具有负的频移。一般认为多普勒效应能引起多径信号相互之间出现短暂的非相关联系，因而又叫做时间选择性衰落效应。

（4）码间干扰。在实际的数字通信系统中，由于存在发射机带通滤波器，所以应尽可能多保存频谱。但是这种带宽受限的信道可能由于码间干扰（ISI）而降低传输性能，因此应该尽量不引入任何码间干扰来减小信号带宽。码间干扰是由于前后码元之间的互相重叠所造成的，而码元重叠会使部分信息丢失，因此，码间干扰限制了系统的信息传输速率。

（5）瑞利衰落。瑞利衰落是指信号经不同的路径传输具有不同的传输时间，并在接收端造成相互干扰的现象。如果两条路径具有相同的传输损耗，且其传输时延刚好是信号半波长的奇数倍时，这两个信号到达接收天线时会相互抵消。如果传输时延刚好是信号波长的偶数倍时，则两个信号到达接收天线时会相互叠加而得到一个幅度增加一倍的信号。

在实际环境中，到达接收端的信号往往是多个多径信号的合成信号，这些多径信号一般是相互独立的，并具有随机幅度和随机相位，其结果是造成合成信号在幅度上产生波动，这种波动叫做小尺度衰落。

第二节　电波传输特性

一、概述

移动通信是以无线电波作为传输媒介进行信息沟通的。因此深入研究和了解电波的传输特性，是进行系统工程设计与研究频谱有效利用、电磁兼容性等课题所必须了解和掌握的基本理论。

理论分析和实测结果证明，移动通信的电波传播特性与电波频率、传播距离、天线的极化方式、天线高度、电波传播途径的地形、地物、地面电性能参数、时间、季节等多种因素有关。如果移动通信的具体环境一旦确定，则电波传播特性主要取决于电波频率、传播距离和天线高度，这正是进行一般移动通信系统设计所需确定的问题。

众所周知，根据媒质对无线电波的影响不同，无线电波具有如图 6-4 所示的几种主要传播方式。由图 6-4 可见，视线以内为反射区。在 VHF 和 UHF 频段内的陆地移动通信（包括点-点及点-面的固定无线电通信）通常都是利用视距传播。到达接收天线的信号是直射波与反射波的矢量合成。

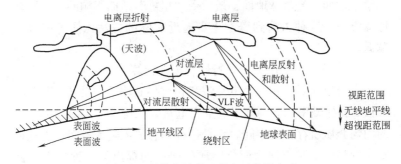

图 6-4 无线电波的几种主要传播方式

视距以外为绕射区。其绕射传播方式主要适用于固定无线电通信，但海上及航空移动通信也采用这种传播方式。至于表面波因受地形环境的影响而传播衰减大，对流层散射传播的不稳定和电离层反射传播的路径遥远产生的衰减大和稳定性差，一般均不适用于移动通信，它们都有各自的适用频率范围和通信距离。有关上述几种主要传播方式的工作频率和传播距离可参见图 6-5。

二、固定无线电通信的电波传播特性

为了简化问题的分析，研究电波在不同空间传播的特点及其

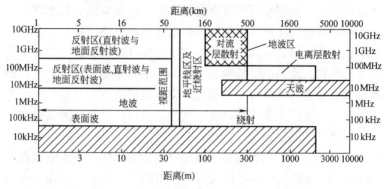

图 6-5　几种主要传播方式的工作频率和传播距离

计算方法是从最简单的自由空间开始的，然后讨论当自由空间受光滑平地面、光滑球地面、最后受"粗糙"地面影响的情况及其计算方法。这种由简到繁，逐步逼近实际的方法，便于理解和掌握。

1. 自由空间的电波传播特性与损耗计算

自由空间是指相对介电常数和相对导磁率均恒为 1（即介电常数 ε 和导磁率 μ 分别等于真空介电常数 ε_0 及真空导磁率以 μ_0）的均匀介质所存在的空间。它是一种理想的无限大空间，也是现实中的某些实际空间为简化问题的研究而提出的一种科学的抽象。例如，当研究某个具体环境中的无线电波传播时，如果实际介质与障碍物对电波传播的影响可以忽略，则这种情况下的电波传播就可认为（或抽象为）是自由空间的传播。

无线电波在自由空间中的传播与真空中传播一样，具有 3 个基本特点：其一，不存在反射、折射、绕射、色散、吸收、磁离子分裂等现象及其产生的相应损耗；其二，电波传播速度等于真空中的光速 c；其三，电波沿直线传播，仅存在因能量扩散引起的损耗。其损耗大小（或离开电波发射源距离为 d 处场强的大小）可依下述方法进行计算。

根据赫兹偶极子（电流元）的辐射场理论可知，当无线电波

向球面外辐射出去的功率为 P_1 时。则距离波原为 d 处的功率密度为

$$S = \frac{P_t}{4\pi d^2} \qquad (6\text{-}3)$$

而根据电磁场理论可知，其功率密度又可表示为

$$S = \frac{1}{2}E_m H_m = EH \frac{E^2}{120\pi} \qquad (6\text{-}4)$$

式中　E_m、H_m——分别为电场、磁场强度的振幅值；

　　　E、H——有效值。

根据（6-3）式和（6-4）式，不难求得距离波源为 d 处的场强为

$$E = \frac{\sqrt{30P_t}}{d} \qquad (6\text{-}5)$$

这是赫兹偶极子作为理想的全向天线在所有方向上产生均匀辐射的结果。当作为波源的发信天线是一个具有方向系数为 g_t 的辐射器时，在忽略天线自身损耗的情况下则可将式（6-5）改写为

$$E = \frac{\sqrt{30g_t P_t}}{d} \qquad (6\text{-}6)$$

式中　E——场强（V/m）；

　　　P_t——辐射功率（W）；

　　　g_t——发信天线增益。

以半波偶极天线为例，相对于理想的全向天线来说，它在最大辐射方向上的增益为 $g_t = 1.64$（2.15dB）。因此，垂直于半波偶极天线方向的自由空间场强为

$$E = \frac{\sqrt{30 \times 1.64 P_t}}{d} = 7\frac{\sqrt{P_t}}{d} \qquad (6\text{-}7)$$

场强是指波源在自由空间的该点处产生的能量密度，与波源的工作频率和置于该点处的接收天线型式（无论存在天线与否）无关。然而，如果在该点处装有一个有效面积为 $A = \frac{\lambda^2}{4\pi}$ 的理想

全向接收天线时，则不难求得当波源发信天线也为理想全向天线情况下，在该接收大线上所能产生的最大有用功率 P_t 为

$$P_t = S \cdot A = \frac{E^2}{120\pi} \times \frac{\lambda^2}{4\pi} = \frac{E^2\lambda^2}{480\pi^2} \qquad (6-8)$$

显然当收、发信均采用方向性天线，且增益系数分别为 g_r、g_t 时，则该接收天线上所能产生的最大的有用功率 P_r 可改写为

$$P_r = \frac{E^2\lambda^2}{480\pi^2} g_r g_t \qquad (6-9)$$

式中，E 的单位为 $\mu V/m$，P_r 的单位为 mW。

根据波源的发信功率 P_t 与距波源 d 处的接收功率 P_r 之间的关系可求得

$$\frac{P_t}{P_r} = \left(\frac{4\pi d}{\lambda}\right)^2 \frac{1}{g_t g_r} = L_s \qquad (6-10)$$

上式中的 L_s 称为收发信增益分别为 g_r、g_t 时电波在自由空间仅因扩散传播产生的传输损耗。如果 d 的单位为 km，L_s 的单位为 dB，f 的单位为 MHz，则可将式（6-10）改为

$$L_s = 32.45 + 20 \lg f + 20 \lg d - 10 \lg g_r g_t = L_{bs} - G_t - G_r$$

$$(6-11)$$

显然，如果上式中，收发均为理想全向天线，则 $g_r = g_t = 1$，即 $G_t = G_r = 0$，则有

$$L_s = L_{bs} = 32.45 + 20 \lg f + 20 \lg d \qquad (6-12)$$

式中，L_{bs} 称为自由空间的路径传播损耗。它与收发信天线增益 G_r（dB）、G_t（dB）无关，仅与传输路径有关。

自由空间的路径损耗是进行系统无线电路设计时的一个重要参数，如果其他参数保持不变，仅使工作频率 f（或传播距离 d）提高一倍，则其自由空间传播损耗就增加 $6dB$。然而实际上，电波还要受到诸如地面的吸收、反射和曲率地面的绕射以及地面上覆盖物等产生的传输损耗的影响。

2. 光滑（无覆盖物）平地面上的电波传播特性与损耗计算

在陆地固定无线电通信或移动通信中，无线电波由于地面的

存在，在其传播过程中总会遇到空气和大地两种不同介质的光滑界面（所谓光滑，即假定没有任何障碍物影响），由于这些界面尺寸远大于波长，所以必然产生镜面反射，从而引起反射损耗。此外，一般地面并非良导体，当电波射入地面时必将引起地电流，以致产生吸收损耗。由此可见，平地面上电波传播的损耗要大于自由空间传播的情况。

在无线电通信中，为确保较远的通信距离，一般基站或固定台天线比较高，而工作频率都在 30MHz 以上，故表面波的影响可以忽略，这时接收端处的信号场强仅为直射波和反射波的合成，即为

$$E_s = (1 + \Gamma_v e^{j\Delta\phi})E \tag{6-13}$$

式中 Γ_v——垂直极化波的反射系数；

$\Delta\phi$——直射波和反射波之间的相位差，可表示为

$$\Delta\phi = \beta \cdot \Delta d = \frac{2\pi}{\lambda} \cdot \Delta d \tag{6-14}$$

式中 β——相位传播常数；

Δd——直射波和反射波之间的路径差，如图 6-6 所示；

E——接收端处接收到的直射波场强。

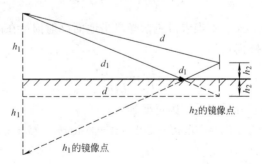

图 6-6 光滑平地面上的直射波和反射波的传播路径

根据（6-10）式可知，来自直射波的接收功率 P_{or} 为

$$P_{or} = P_t \left(\frac{\lambda}{4\pi d}\right)^2 g_r g_t = \frac{|E|^2}{2\eta_0} \tag{6-15}$$

式中　η_0——自由空间的固有阻抗。

显然，移动台天线接收到的合成功率 P_r 为

$$P_r = \frac{|E_s|^2}{2\eta_0} = \frac{1}{2\eta_0}|(1+\Gamma_v e^{\Delta\phi})|^2 = \frac{|E|^2}{2\eta_0}|(1+\Gamma_v e^{\Delta\phi})|^2$$

(6-16)

在移动环境下，由于 $\Gamma_v \approx -1$，且 $\Delta\phi \ll 1$ 弧度，故（6-16）式可简化为

$$P_r = P_t\left(\frac{\lambda}{4\pi d}\right)^2 g_r g_t |1-\cos\Delta\phi - j\sin\Delta\phi|^2 = P_t\left(\frac{\lambda}{4\pi d}\right)^2 g_r g_t (\Delta\phi)^2$$

(6-17)

式中，

$$\Delta\phi = \beta(\Delta d) = \beta(d_1 - d_0)$$
$$= \beta\left[\sqrt{(h_1+h_2)^2 + d^2} - \sqrt{(h_1-h_2)^2 + d^2}\right]$$

(6-18)

由于 $d \gg h_1 + h_2$，故上式可简化为

$$\Delta\phi = \beta d\left[1 + \frac{(h_1+h_2)^2}{2d^2} - 1 - \frac{(h_1-h_2)^2}{2d^2}\right] = \frac{4\pi h_1 h_2}{\lambda d}$$

(6-19)

将（6-19）式代入（6-17）式后可得

$$P_r = P_t\left(\frac{h_1 h_2}{d^2}\right)^2 g_r g_t$$

(6-20)

根据上式，不难求得包括光滑平地面反射损耗在内的自由空间电波传播损耗为

$$L = \frac{P_t}{P_r} = \frac{d^4}{h_1^2 h_2^2 g_r g_t}$$

(6-21a)

如果以分贝表示，则可变为

$$L(\text{dB}) = 10\log d - 20\log h_1 - 20\log h_2 - G_t - G_r$$

(6-21b)

式中，

$$\left.\begin{array}{l} h_1 = (h_t^2 + h_0^2)^{\frac{1}{2}} \\ h_2 = (h_r^2 + h_0^2)^{\frac{1}{2}} \end{array}\right\} \text{天线高度}$$

(6-22)

h_1、h_2 分别为发收天线实际高度，h_0 为最小有效天线高度，用以表征使表面波开始失去其支配作用时的最小天线高度，其值

256

与工作波长、极化方式和地面电性能参数等有关，可根据已知条件查图 6-7 上曲线求得。

由（6-21）式可见，光滑平地面上的电波传播损耗与天线高度的平方成反比，而与距离的四次方成正比，与所使用的工作频率无关。但实际测量表明，$L \propto f^n$（$2 \leqslant n \leqslant 3$）。从而说明上述公式计算的近似性。

3. 光滑球形地面上的电波传播特性与损耗计算

由于受地球曲率的影响，VHF/UHF 波段的直射波传播距离（视距）受到限制。然而，如同光的绕射传播一样，无线电波也能依靠绕射而传播到视距以外，它的缺点是既要产生反射损耗，还要产生绕射损耗。其损耗大小可依据下述方法进行计算。

以光滑平地面上电波传播为参考的计算方法。如图 6-8 所示，为光滑球形地面上直射波与反射波的传播路径，C 为反射点。为了简化问题的分析以便直接利用（6-21）式计算球形地面上电波传播的损耗，可采取将球形地面等效为平地面的方法，在球形地面上做出一个等效平地面，即如图 6-8 所示，在保持射线路径不变的前提下，通过反射点 C 所做的一个切面，即可视为等效平地面。自天线位置 P、Q 点向切面作垂直线，得出天线等效高度和 $h_t' h_r'$。由于 $d \gg h_t h_r$，所以 h_t 和 h_t'、h_r 和 h_r' 间夹角很小，可近似认为

$$\left.\begin{array}{l} h_t' \approx h_t - \Delta h_t \\ h_r' \approx h_r - \Delta h_r \end{array}\right\} \tag{6-23}$$

其中，$\Delta h_t \approx \dfrac{d_1^2}{2R_0^2}$，$\Delta h_r \approx \dfrac{d_2^2}{2R_0^2}$，式中，$R_0$ 为地球半径，近似为 6370km，d_1、d_2 分别为反射点至天线垂足的球面距离。将 Δh_t、Δh_r 代入（6-23）式后可得

$$\left.\begin{array}{l} h_t' = h_t - \dfrac{d_1^2}{2R_0^2} \\ h_r' = h_r - \dfrac{d_2^2}{2R_0^2} \end{array}\right\} \tag{6-24}$$

257

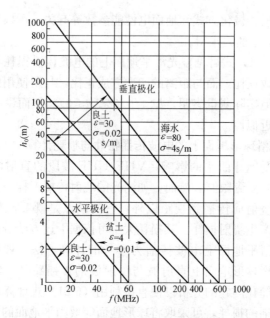

图 6-7　最小有效天线高度 h_0

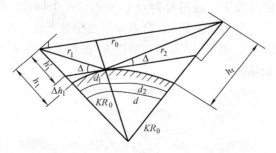

图 6-8　地球地面上直射波与反射波的传播路径

显然，由于地球曲率的影响而引入的等效平地面，相当于降低了天线的实际高度，因此，球形地面上收发天线高度分别为 h_t、h_r 时电波传播的损耗就相当于其他条件不变的情况下，等效平地面上两天线高应分别降低为 h'_t 和 h'_r 时的传播损耗。其计算方法十分简便，只要将（6-22）式中的 h_t、h_r 分别以这里的

h'_t 和 h'_r 代入，然后再直接引用（6-21）式计算就可得到。

然而，应当注意的是，在使用（6-24）式计算天线等效高度时，必须知道 d_1 与 d_2 的数值，即要确定反射点的位置。当然，利用电路剖面图及反射定理，通过作图可以确定反射点的位置。

其次，应当考虑电波在球形地面上反射时的反射波能量扩散现象。当一束波经球形地面反射时，由于各反射点的法线方向不一致而引起反射波波束扩散。因此，在接收点处反射波场强较平地面反射时要小。这种效应可以用一球面扩散系数（或称扩散因子）D_f 加以修正。

其定义为

D_f＝球形地面反射时反射波场强/平地面反射时反射波场强

显然，它是小于1的数，其计算式为

$$D_f = \frac{1}{\sqrt{1 + \dfrac{2d_1^2 d_2}{KR_0 dh'_t}}} = \frac{1}{\sqrt{1 + \dfrac{2d_1 d_2^2}{KR_0 dh'_r}}} \tag{6-25}$$

4. 非光滑地面上的电波传播特性与损耗计算

上述讨论均为自由空间或无任何障碍物影响时所谓光滑地面上的电波传播特性及其损耗的计算方法。然而，实际地面上则常常出现有山丘、树林、建筑物等障碍物或地面植被物，因此，还必须考虑由此而产生的阴影损耗。由于具体的障碍物性质、形状、高度或植被等的不同，所产生的阴影损耗也不一样。

（1）楔形障碍物绕射损耗的计算

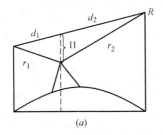 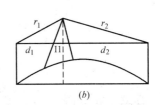

图 6-9　绕射损耗计算图

(a) $h>0$；(b) $h<0$

259

首先计算由单个楔形山峰所引起的绕射损耗，这是如图 6-9 所示的最简单的情况。显然，在收、发天线之间，直射波与反射波的路程差为

$$\delta = (r_1 + r_2) - (d_1 + d_2) \tag{6-26}$$

当 $d_1 \gg h$、$d_2 \gg h$，则有

$$r_1 = d_1 \sqrt{1 + \left(\frac{h}{d_1}\right)^2} = d_1 \left[1 + \frac{1}{2}\left(\frac{h}{d_1}\right)^2\right] \tag{6-27}$$

$$r_2 = d_2 \sqrt{1 + \left(\frac{h}{d_2}\right)^2} = d_2 \left[1 + \frac{1}{2}\left(\frac{h}{d_2}\right)^2\right] \tag{6-28}$$

式中，h 为楔形障碍物顶点至直射波传播路径的垂直距离，即传播余隙。将（6-27）式和（6-28）式代入（6-26）式后可得

$$\delta = \frac{h^2}{2}\left(\frac{1}{d_1} + \frac{1}{d_2}\right) \tag{6-29}$$

根据电波传播的费涅尔区原理，符合 $\delta = n\frac{\lambda}{2}$ 条件的点是一些以收、发天线为焦点并绕长轴旋转的椭球体。当 n 为奇数时出现场强最大值，当 n 为偶数时出现场强最小值。以 $n=1$ 做出的椭圆球体称作第 I 费涅尔区，其横截面为一个圆，该圆的半径为第 I 费涅尔区半径，记做 F_1。

根据（6-29）式及 $\delta = n\frac{\lambda}{2}$ 条件，可求得第 n 个费涅尔区半径 F_n 为

$$F_n = \left[\frac{n\lambda}{\dfrac{1}{d_1} + \dfrac{1}{d_2}}\right]^{\frac{1}{2}} \tag{6-30}$$

故第 I 费涅尔区半径为

$$F_1 = \left[\frac{\lambda}{\dfrac{1}{d_1} + \dfrac{1}{d_2}}\right]^{\frac{1}{2}} \tag{6-31}$$

式中，若 d 以 km 计，λ 以 mm 计，则 F_1 为 m。

当反射系数接近 1 时，用第 I 费涅尔区半径表示的自由空间

余隙 h_0 为

$$h_0 = \sqrt{(2n-1) \pm \frac{2}{3} F_1} \qquad (6\text{-}32)$$

场强达到最大值时用第 I 费涅尔区半径表示的余隙为

$$h_{max} = \sqrt{2n-1} F_1 \qquad (6\text{-}33)$$

场强达到最小值时用第 I 费涅尔区半径表示的余隙为

$$h_{min} = \sqrt{2n} F_1 \qquad (6\text{-}34)$$

为了获得电波传播受到楔形障碍物影响而产生绕射损耗的计算公式，可将这种楔形单峰绕射近似地看成半无限吸收屏的绕射问题，如图 6-10 所示。图中 T 和 R 分别为发射和接收点，它们到屏的距离分别为 d_1 和 d_2 屏的法线 n 如图所示。屏在横向和 A 点以下的空间无限延伸，屏顶 A 以上的空间对电波是无阻挡的。吸收屏则意味着，投射到该屏上的电波能量完全被

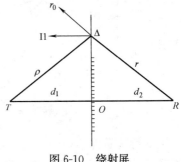

图 6-10　绕射屏

吸收，没有反射和散射波；而在屏顶以上半无限平面上的场强等于入射波的场强，不受屏本身及其边缘的扰乱。以上这些假定在实际情况中是近似成立的。

对于半无限吸收屏的绕射可以用波动方法进行较严格的求解，其方法是：

设发射点 T 发出球面波

$$E = E_0 \exp(-jk\rho)/\rho \qquad (6\text{-}35)$$

式中　E_0——常数；

　　　　κ——波数。

现在是求 R 点的场强，对于以上情况可以直接应用次级源为平面情况下的克希荷夫公式，即

$$E_R = \frac{j}{\lambda} E_0 \iint_s \exp[-jk(\rho+r)]/\rho r \cos(n, r_0) \mathrm{d}s \quad (6\text{-}36)$$

式中　ρ 和 r——分别是由发射点 T 和接收点 R 到吸收屏以上半
无限平面某一面元 $\mathrm{d}s$ 的距离；

r_0——是矢径 r 的单位矢量。

面积分是对整个半无限平面进行的。

经过复杂的积分运算后，可求得电波受半无限吸收屏，即楔
形单峰影响产生的绕射损耗为

$$L_d = \left\{ \begin{array}{l} 3.01 - 10\log\left[\left(\frac{1}{2}+S\right)^2 + \left(\frac{1}{2}+C\right)^2\right] h > 0 \\ 3.01 - 10\log\left[\left(\frac{1}{2}-S\right)^2 + \left(\frac{1}{2}-C\right)^2\right] h < 0 \end{array} \right\} \quad (6\text{-}37)$$

其中

$$S = S(v_0) = \int_0^{v_0} \sin\left(\frac{\pi}{2}v^2\right)\mathrm{d}v \quad (6\text{-}38)$$

$$C = C(v_0) = \int_0^{v_0} \cos\left(\frac{\pi}{2}v^2\right)\mathrm{d}v \quad (6\text{-}39)$$

上式称为费涅尔积分。式中，$V_0 = \sqrt{2}h_0/F_r$，h_0 为障碍点的
余隙，F_r 为障碍点的第 I 费涅尔区半径。

电波传播受楔形双峰绕射产生的损耗可以直接应用上述计算
楔形单峰绕射损耗的公式，采用叠加原理进行。

（2）地面植被损耗的计算。

在传播路径中，由树木引起的附加损耗不仅取决于树木的高
度、种类、形状、分布密度、空气湿度及季节的变化，而且还取
决于频率、天线极化、通过树木的路径长度及天线离开树木的距
离等方面的因素。现分五种情况分析如下：

1）传播路径全部在稠密森林的内部。

当收、发天线均处于森林内部，整个传播路径都穿过树木或
通过丛林上方，并且收、发天线高度均低于森林的平均高度时，
由树木、丛林的阻挡和吸收所引起的附加损耗如图 6-11 所示。
由图可见，即使频率低至 30MHz，采用水平极化时，森林内部

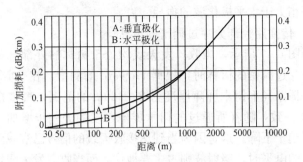

图 6-11　森林内部的附加损耗

的衰减速率仍有 5dB/km。因此，当天线较低时，森林内部的互相通信应使用 30MHz 以下的频率，以利用表面波传播。

2）传播路径全部接近树顶的平均高度。

当收、发天线高度均位于树木的顶部，并且两者相距 1km 以上时，根据 Tanir 等人的测量，地面植被损耗与距离无关，它作为频率的函数如图 6-12 所示。由图可见，随着频率的提高，植被损耗以 f^4 的速率迅速增加；在树叶较密地区，垂直极化波

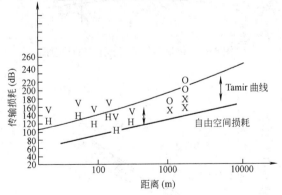

图 6-12　森林环境中的植被损耗

V：垂直极化 ⎫
　　　　　⎬ Tamir 的测试结果
H：水平极化 ⎭

O：夏天 ⎫
　　　　⎬ Reudink 和 Wazowicz 的测试结果
X：春天 ⎭

的损耗稍大于水平极化波的损耗。

3）传播路径部分穿过稠密的树林。

如图 6-13 所示，当收、发天线均处于树林的外部、传播路径部分穿过稠密的树林时，根据 Howard 的测量，在 50MHz 频段，传播路径上树木屏障厚度为 8～480m 的范围，植被损耗同图 6-11 一致，随着所通过的树木屏障厚度的进一步增加，衰减速率则趋于下降。这是因为当到达接收天线的信号已衰减到一个非常低的电平时，绕射波则占主要地位，而当收、发天线均被密林包围、传播路径全部通过密林时，则不存在这种现象。当 D 大于树林高度的 5 倍时，测量结果与楔形障碍物绕射理论相一致。

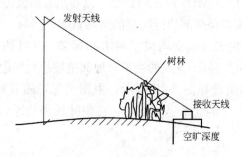

图 6-13　传播路径受树林阻挡的示意图

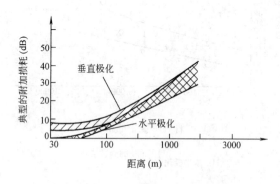

图 6-14　通过树木的附加损耗

4）传播路径穿过或临近越过中等稠密的树林，或者天线周围有中等稠密的树木，天线高度低于树顶高度的情况。

在上述条件下，Bullington 给出的 30～1000MHz 范围内预测曲线如图 6-14 所示。损耗的变化范围与前述诸因素有关，其中主要与树木的分布密度、树叶的有无及天线的相对位置有关。

5）树叶的影响。

测试表明，树叶对传播的影响远不如光秃的树干，并且在 VHF 和 UHF 频段范围内不随频率而变化。树叶所引起的附加损耗如表 6-1 所示。由表可见，即使街道两侧树木枝叶繁茂时，对 50MHz 传播的影响仍可忽略不计。在森林地区，冬天与夏天闭差值（以 dB 计）的累积分布基本服从正态分布，两个频段内的差值中的值近似为 4.5dB，90％的平均值为 6dB。

树叶的附加损耗　　　　　　　　表 6-1

树叶的附加损耗　　　频率		50	200	450	750	950
测试范围　　测试时间与条件　天线		垂直	垂直	垂直	水平	垂直
林荫道	分别在 8 月和 9 月测试，道路两旁有单行树木，其走向与传播方向垂直，接收天线在树顶高度以下	树木与树叶的影响均可忽略	3		2.5	
森林地区(落叶林)	分别在夏天与冬天测试，发信天线高 2.5m，在森林外部，接收天线高 2m，在森林内部			4.5(50%)6(90%)		4.5(50%)6(90%)

（3）无线电波通过建筑物的损耗。

现代城市中主要是以街道和建筑物结合而成，而大型建筑物中往往是移动通信用户的高话务量区（如写字楼、商场等）。因此非常有必要搞清楚无线电波通过建筑物的传输特点，以便有针对性地提出相应的解决方案。

有些墙和楼面具有一层或更多层电介质的外观，就像图 6-15 中所示砖墙情况一样，无论何时电介质表面是相互平行的，对每一个分界面连续使用 Snell 定理显示与分界面平行的波数必须在每一层内都一样，因此在图 6-15 中，如果入射波以与水平面平行的方向传播，且同垂直方向的平角为 θ，则透射到墙另一侧空气中的波也将以与水平面平行的方向传播，而同垂直方向的夹角也为 θ。为了求得被墙反射的功率部分和透射的功率部分，我们能够使用图 6-15 中所示的传输线模型。

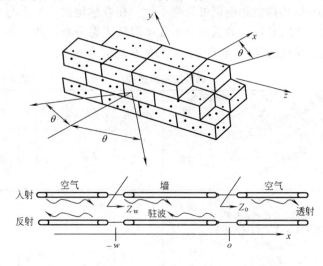

图 6-15　传输线模型

图 6-15 用传输线方法作为处理砖墙的传输线模型，以计算放射波和透射波。阻抗可能入射的情况，也可能是反射的情况，这取决于入射波的极化情况。

由于在 $x=0$ 和 $x=-w$ 处阻抗的不匹配，在墙内将建立起驻波。全部的场强将有相同的横向变化 $\exp(-jkz\sin\vartheta)$。忽略这个因子，则对第一种极化，墙中的横向场强分量和横向磁场分量将有对 x 的依赖关系，并分别由下面两式给出

$$V(x) = V^+ e^{-j\beta_n x} + V^- e^{j\beta_n x}$$

$$I(x) = \frac{1}{Z_{\mathrm{w}}}(V^+ e^{j\beta_n x} - V^- e^{j\beta_n x})$$

这果 V^+ 和 V^- 分别是正 x 方向和负 x 方向传播的横向电场分量幅度，$\beta_{\mathrm{w}} = k_{\mathrm{w}}\cos\theta_{\mathrm{w}}$ 是墙中沿 x 方向的波数，Z_{w} 是无论对 TE 极化还是 TM 都适用的墙波阻抗。电压同电流的比值给出了沿传输线看到的依赖于 x 的阻抗 $Z(x)$，即

$$Z(x) = \frac{V(x)}{I(x)} = Z_{\mathrm{w}} \frac{V^- e^{-j\beta_{\mathrm{w}} x} + V^+ e^{+j\beta_{\mathrm{w}} x}}{V^- e^{-j\beta_{\mathrm{w}} x} - V^+ e^{+j\beta_{\mathrm{w}} x}}$$

在 $x=0$ 的结合点，上式的阻抗必须同向右看到的负载阻抗 Z_{L} 相等。在图 9-15 中，这个负载阻抗就是空气阻抗 Z，因此计算上式在 $x=0$ 处的阻抗，并让它等于 Z_{L}，则我们就能够解出用 V^+ 和 V^- 的解，得到

$$V^- = V^+ \frac{Z_{\mathrm{L}} - Z_{\mathrm{w}}}{Z_{\mathrm{L}} + Z_{\mathrm{w}}}$$

经过一定的运算之后，可以求得在墙上看到的输入阻抗是

$$Z_{\mathrm{in}} = Z(-w) = Z_{\mathrm{w}} \frac{Z_{\mathrm{L}}(e^{+j\beta_{\mathrm{w}} x} + e^{-j\beta_{\mathrm{w}} w}) + Z_{\mathrm{w}}(e^{+j\beta_{\mathrm{w}} w} - e^{-j\beta_{\mathrm{w}} w})}{Z_{\mathrm{w}}(e^{+j\beta_{\mathrm{w}} w} + e^{-j\beta_{\mathrm{w}} w}) + Z_{\mathrm{L}}(e^{+j\beta_{\mathrm{w}} w} - e^{-j\beta_{\mathrm{w}} w})}$$

在墙材料有损耗时，上述方程是很有用的，但对于无损耗的电介质，可以用三角函数把输入阻抗更简单地表示出来

$$Z_{\mathrm{in}} = Z_{\mathrm{w}} \frac{Z_{\mathrm{L}}\cos\beta_{\mathrm{w}} w + jZ_{\mathrm{w}}\sin\beta_{\mathrm{w}} w}{Z_{\mathrm{w}}\cos\beta_{\mathrm{w}} w + jZ_{\mathrm{L}}\sin\beta_{\mathrm{w}} w}$$

1）砖墙地反射。

利用前面的输入阻抗表达式，则砖墙的反射系数 Γ 是反射波电场和入射波电场横向分量这比，并可由下面公式给出

$$\Gamma = \frac{Z_{\mathrm{in}} - Z}{Z_{\mathrm{in}} + Z}$$

这里 Z 是空气中 TE 和 TM 波阻抗。被反射的入射功率份数等于 $|\Gamma|^2$，且如果墙不存在损耗，则透射到墙另一侧空气中的功率的份数应该是 $1 - |\Gamma|^2$；如果损耗存在，在计算透射功率时必须考虑在墙内的衰减。

图 6-16 给出了在假定相对介电常数 $\varepsilon_r = 4.44$ 且频率为 900 和 1800MHz 时，对从 $w = 20cm$ 厚砖墙上反射极化波的 $|\Gamma|$ 作为入射角 θ 角度的函数。在 $\theta = 0$ 时，存在一有限值的反射，它对两种极化都是相同的，而在 $\theta = 90°$ 时，求得了所有情况的总反射数值。在这两个限定角度，这种行为对所有类型的墙结构都是相同的。正如前面已经讲过的对 TM 极化，在 $\theta = 64.60°$ 时的 Brewster 条件使得对两种极化存在有一另外的阻抗匹配。由于在 1800MHz 处，在 $\theta = 18°$ 时 $\beta_w w = 5\pi$ 这个事实使得反射系数对两种频率均为 0。在 1800MHz 时，TM 极化波有两处分别在 $\theta = 18°$ 和 $\theta = 65°$ 的零点，所以它的值在这两个角度之间的范围比较小。

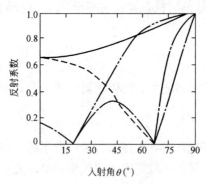

图 6-16　反射系数值对入射角的曲线

在墙料有损耗时，则使分析过程更为复杂。

2）均匀结构墙中的透射。

有研究已经发表了使用定向天线测量穿过均匀墙透射损耗的结果。室内墙结构的最普通类型是由安装在墙筋每一边的灰泥板层构成，采用两层灰泥板构造的墙剖面忽略支撑的墙角，就可以用穿过一层灰泥板之后穿过层之间的空气间隙，最后穿过第二层灰泥板的阻抗变换式级联起来的方法来分析由墙产生的反射。

3）文献所报告的测试数据

频率为 800MHz 的进入孤立房屋时穿透损耗的测量结果是

在 4～7dB 范围内，而金属建筑物显示的损耗高达 24dB。由混凝土构造的室内墙在 900MHz 时测量到的透射损耗是 1.5～2.4dB。在 5.85GHz 的类似测量时发现对砖外墙和木质外墙，透射损耗分别为 14.5dB 和 8.8dB，对室内墙则为 4.7dB。

在电波透射通过外墙并经过一个或多个室内墙就能到达的位置上，对孤立郊区办公建筑内的穿透损耗进行了测量。在 900MHz 时，10 个这类建筑物的平均损耗是 10.8dB；在 1500MHz 时，它们的平均损耗是 10.2dB。在第 1 层以上的所有各层均有大致相同的穿透损耗，特别是有开放式门廊设计的建筑物更是如此。当在位于拥挤闹市区内的办公建筑物内进行穿透损耗的测量时，由周围建筑物造成的阴影将导致在第 1 层上更高的穿透损耗，和在更高层上低得多的穿透损耗。当在从低于 100MHz 到 ZGHz 左右的频率范围内观察时，发现进入办公建筑物的穿透损耗随频率增加而减小。这种频率关系也许是由于电波通过孔，例如窗口，而不是通过墙传播这个事实造成的。

现代办公和商用建筑物楼层是用钢筋混凝土建造的，有的还是由钢结构建造。钢筋条可以被 20cm 或更大的距离隔开，且不对场产生很强的散射，然而，留在适当位置的波纹钢盘将有很好的反射。预制混凝土楼板同时包含钢筋条和中空的空间，穿过没有波纹钢盘的混凝土楼板的透射损耗为 13dB。在高层建筑中，发现透射损耗并不随接收机和发射机之间的楼板数呈线性地增加。这是由于存在其他路径而造成的，正是通过这些路径，信号能够从发射机传送到接收机。

第三节　大型建筑中的移动通信系统

一、概述

移动通信已越来越广泛地深入人们的生活和工作，有些国家新增移动通信的用户数量已超过新增固定电话用户。而人们通常是生活和工作在建筑物内，因此，在大型建筑物设计阶段就应考虑移动通信的建设问题。随着城市建设不断发展，高楼和大型建筑越来越多，这些建筑规模大，结构复杂，对移动通信信号有很强的屏蔽作用，以致建筑群区域内形成通信覆盖盲区，用户难以正常通话。同时，在某些大型建筑物内（如超市、商场和会议会展中心等），无线覆盖较差，忙时话务拥塞，导致手机不能上线，话音不清晰甚至掉话。移动通信网络的覆盖、容量和质量是移动通信运营商赢得竞争优势的关键，它从根本上反映移动通信网络的服务水平，是所有网络优化工作的主题。鉴于实际无线信号传输的特点、基站建设投入较大、频率资源利用不平衡等因素，作为基站覆盖延伸系统的室内覆盖系统和直放站，在网络建设和优化中起着至关重要的作用。随着近年来经济高速发展，高楼急剧增加，室外基站不易覆盖到高楼内部，覆盖信号电平普遍较低，但话务又相对集中。为了改善信号覆盖和话务吸收等网络优化功能，必须建立相应的室内覆盖系统。

1. 室内覆盖系统的网络环境

对一座高层建筑而言，其移动通信环境可大致分为：

（1）建筑物低层：受周围建筑物阻挡，信号很弱，地下车库和地下商场等区域信号衰落更大，基本上为覆盖盲区，用户不能正常通话甚至难以接入。

（2）建筑物中层：由于有一定高度，可收到周围多个基站的信号，这些信号严重重叠，虽然强度较大，但不占主导地位；系统会产生频繁切换，乒乓效应严重，用户仍不能正常通话。

（3）建筑物高层：周围基站较多，同频、邻频干扰严重，电磁环境恶化，导致建筑高层区域用户无法通话，出现孤岛效应，形成通话盲区。建筑物内部受各种墙体的阻挡，信号衰落可达$10\sim25dB$，使室内形成弱信号区或盲区。此外，建筑物周围各种环境也会对室内信号的强度产生很大影响，例如植被对电磁波有一定的吸收作用，信号穿过植被时衰落较大，致使到达室内的信号更弱。在一些通信热点地区（如超市、商场和会议、会展中心），移动用户量大，通话频率高，基站所提供的载频往往不能满足忙时话务量需求，导致忙时无线信道拥塞，呼损率升高，用户得不到良好服务，同时用户不断呼叫又会增加系统负荷，而且话务呼损率高，不仅有损运营企业形象，还减少话费收入。

2. 室内覆盖系统的作用

室内覆盖系统能克服建筑物屏蔽，填补通信盲区，改善网络指标，扩充网络容量，解决信号干扰问题，吸收话务量，增加话费收入。

3. 室内覆盖系统的建设

室内覆盖系统主要由信源和天馈覆盖系统两部分组成。信源为系统提供通话所需的载频，天馈覆盖系统则把信号功率传递到各覆盖区域，提供良好的覆盖。室内覆盖系统建设一般包括以下各项。

（1）合理的话务量预测。

话务量预测对合理建设室内覆盖系统有很大影响。话务量预测太小会导致话务量吸收不充分，造成工程重复建设；话务量预测太大会引起昂贵的蜂窝等信源设备浪费，因此在留有一定余量的前提下，话务量预测一定要合理。

（2）确定室内传播模型。

室内影响电磁波传播的因素很多，人、墙壁、房顶、地板和室内物体等都会引起电磁波的反射、折射、散射和吸收，电磁场分布十分复杂，传播模型多种多样。因此，正确选择传播模型十分重要，而且一定要根据实测数据加以修正。

（3）选取信源。

话务量不大的覆盖区可选择现有较空闲的载频作为信源，这样既满足覆盖要求，又提高原有载频的利用率，但应避免引入室内覆盖系统而引起载频拥塞和网络质量下降，对载频的繁忙程度要做好数据统计工作，以便随时掌握情况。载频引入室内覆盖系统一般有无线耦合和光纤接入两种方式。无线耦合方式即通过施主天线把室外基站信号引入室内直放站，亦称无线接入方式。光纤接入方式即通过光纤直放站引入临近楼宇的基站信号，为室内分布系统提供信源。话务量大的覆盖区必须增加新的载频作为信源，以满足话务量需求。一般采用增加蜂窝设备或在原有设备上增加载频的办法来扩充话务量。蜂窝或载频设备由运营商指定，并由相关厂家提供技术服务。需要注意，产品设计时，厂家必须在充分调查和分析的基础上给出话务量预测值，并根据该值向运营商提出所需的蜂窝载频配置数。

（4）覆盖方式选取。

覆盖一般可分为射频分布系统和光纤分布系统。

1）射频分布系统。

主要由干线放大器、功率分配器、耦合器、馈线和天线组成。当信源输出功率可满足覆盖要求时，系统是无源分布，优点是可靠性高，易扩容。当信源输出功率较小，不能满足覆盖要求时，则应加干线放大器等有源设备，延伸覆盖范围。室内分布系统一般尽量采用无源分布，使系统具有较好的可靠性和可扩展性。对大型室内覆盖工程（如大型写字楼、商场和会议、会展中心等），应部署多系统共用一套反馈系统，此时一般采用多路合路器设备来集成多系统。

2）光纤分布系统。

光纤分布系统采用光纤作为传输介质，由中继端机（主单元、接口单元）、远端覆盖单元、天线和光分/合路器件组成。光纤损耗小，适用于长距离传输，该系统广泛应用于大型写字楼、酒店和地下隧道等室内覆盖系统的建设。

几年来的工程实践表明，移动通信网的优化和完善有着重要的意义和价值，也是一项不断发展的技术，在今后网络优化和建设的实践中，应根据网络的实际情况和特点，灵活采用一些新技术、新思路和新方法，以更好地提高网络运行质量。

二、移动通信系统设计

移动通信系统工程的设计涉及的方面很多，（如不同的制式等）。系统设计人员首先应根据一定的程序进行设计。

1. 熟悉用户的基本要求

（1）移动通信的用途：分专用和公用两种，以及局部小范围内专用等。

（2）业务类型：移动电话、数据传输等。

（3）工作方式：单工、异工或双工。

（4）系统容量：估计规定区域的用户业务量。

（5）覆盖范围：要考虑所覆盖地区的大小及用户的特点。

（6）服务质量：无线频道呼损率、信号质量、通信概率及成功呼叫率。

（7）设备要求：功能、体积、重量及式样等。

2. 设计步骤

（1）经济估价。

根据用户要求的规模做出合理的投资预算，将需要与可能结合起来，使资金得到充分利用。

（2）勘察传播环境和选择无线基站的地址。

在市区，无线基站应尽可能设置在高大建筑物上并离开高噪声区。

（3）确定通信系统容量与业务量。

通信系统容量与业务量是系统设计的基本参数，对此应给予充分的调查研究，以便使系统尽可能与实际需求相符合。

（4）合理选择工作频段。

在确定网路结构的前提下，对近期和远期使用的频率做出统一安排，避免在短期内进行重复建设。为申请所需频率段，应向无线电频率管理部门提交规划设计书。

（5）施工设计。

1）系统容量的预测。在设计一个通信系统时，不仅要考虑目前的用户数量，还应考虑将来的需要，预测整个通信系统的用户数量（系统容纳的用户数称为系统的容量）。在初次投资和二次投资的经济可行性与合理性方面进行权衡，据此来合理地确定无线交换机的容量和所需中继线（或用户线）的数目及收、发信设备的数量。事实上由于很难确定本地区漫游的移动用户的数量，因而很难准确地预测指定区域的系统容量。为了尽可能准确地估算系统容量，通常需要采用各种类型的参数和办法，同时互为补充和验证，以资参考。

系统的容量由下式来定义

$$K = n/N \cdot B \qquad (6\text{-}40)$$

式中　n——每个载波能提高的信道数；

　　　N——频率复用模式大小；

　　　B——一个信道所占的双工频率带宽。

如果要求更准确的，也可以用每赫兹每平方千米的用户来计算系统的容量。不同之处比上式多两个参数：小区半径 R 和给定信道的吞吐量 η，η 定义是业务信道数与总信道数的比值，即

$$\frac{n\eta}{NB\pi R^2}(\mathrm{Er1\,Hz/km^2})$$

2）无线覆盖密度。它是决定通信质量的一项重要指标，确定了在服务区域内任何地点能进行良好通信的可能性（即存在一条 C/I 值高于门限值的通信链路）。无线覆盖密度典型值为 92%～95%之间。当网络在新规划策略被采纳后，可以通过设置附加基站来增加覆盖密度。

3）移动基站站址的选择。它们选择基本步骤如下：

① 确定基地电台小区边界的接收电平。这是以移动台的性能和系统要求的特性为准则的。假定小区边界电平为－100dB·mW，则取决于给定的功率、天线高度、天线增益及地区的地面结构，可确定一个小区电平的大小。

② 按无线覆盖区计算的初步结果，确定天线的有效高度。

③ 研究电波传播条件，勘察站址周围是否有、或者将会有高层建筑物阻挡基站天线的无线电波传播。基站应设在周围区域最高建筑上，而且基站天线必须留出足够的余地。

④ 进行干扰及噪声的调查。统计站址周围的车辆流量，并

调查测量附近的工业干扰，了解服务区内同频段对讲电台的设站情况，查看是否造成互调干扰，使站址既要接近覆盖区中心，又要使附近的干扰小。

⑤ 考虑新建还是利用现有建筑物。最好是利用新建高层建筑和物的顶层。可以用合资、购买或租用方式。

⑥ 如果要与有线电话网相连接，还应考虑连接方便。

4）天线设计要求。天线方向、增益、倾斜度及高度都将影响系统设计。天线的种类很多，由于折叠（环状）的偶极天线的特性阻抗很容易与馈线的特性阻抗相匹配，所以经常选做基站的发射天线。基站用的全向天线一般由数个偶极子天线组成，而移动台常用 1/4 波长的单极天线。在进行天线设计时需要考虑以下参数：

① 阻抗匹配。实际使用的天线往往不能和同轴电缆的特性阻抗直接匹配，而需要用匹配电路进行阻抗变换。出于移动台天线一般距地面较近，考虑到地面的影响，通常以不对称鞭状天线为主，而基站天线位置较高，地面影响小，不用考虑地面的影响。

② 天线增益。通常基站总希望天线有较高的增益。增益的提高主要取决于减少垂直面内辐射的波瓣宽度，而在水平面上保持全向的辐射性能。对于高增益的基站全向天线需要提出一些新的要求。例如水平方向的不圆度和垂直方向上波束的倾斜度，如一副 8dB 增益的全向大线，水平方向图与真圆相比有 3dB 的偏差，因此天线在某些方位上的实际增益可能只有 5dB，而波束倾斜对高增益天线也至关重要，全同天线增益达 9dB 时，垂直面内半功率波瓣宽度应小于 $10°$，如由于天线各振子的相位关系和振子间距的不适当面使波瓣上翘 $5°$，就相当于实际增益减少 3dB。

③ 机械性能。为了有效增加覆盖面积，基站天线往往选择较高的地点架设，露天工作，条件恶劣，要能经受强烈温度变化和抗腐蚀能力，并且还要承受一定的风力作用，因此设计时要按

能承受当地最大的风力负荷来计算。

④ 防雷性能。由于基站安装在较高的地方，故必须考虑防雷的问题。为了使天线的辐射性能不受影响，天线不能紧靠避雷针等金属物体，为此天线的金属部件应妥善接地，不能依靠与无线电设备相连接并通过设备接地。

三、设计方程

1. 移动通信电路的设计原则及设计 3 要素

在设计一个基站覆盖区时，必须掌握一个基本原则和考虑 3 个相互制约的要素。基本原则就是设法使上行通信（移动台—基站）和下行通信（基站—移动台）的系统余量相等，从而保证上、下行通信的距离、话音质量和通信概率大体相同。3 个要素分别是：

（1）业务半径多大。

（2）要求的话音质量标准是多少，公用移动电话要求的话音质量等级，而一般专用移动电话系统的话音质量我国为 3 级。

（3）通信概率（可靠性）多少，即移动台在业务区范围内的任何位置上或在边缘地区希望满意通话的成功率是多少。

2. 设计方程

移动通信系统设计方程如下：

$$S_M = S_G - S_L \tag{6-41}$$

$$S_G = P_t + G_i + G_r + P_{\min} \tag{6-42}$$

$$S_L = L_m + K + L_i + L_r \tag{6-43}$$

式中　S_M——通信系统余量（dB）；

S_G——通信系统增益（dB）；

S_L——通信系统损耗（dB）；

P_t——发射机输出功率（dB）；

G_i——发射天线增益（dB）；

G_r——接收天线增益（dB）；

$P_{\min}$——接收机所要求输入的最低保护电平（dB）；

L_m——中值路径损耗（dB）；

K——地形、植被或建筑物等各种效正因子的总称（dB）；

L_i——发信端附加损耗（dB）（包括馈线、共用器及匹配损耗）；

L_r——收信端附加损耗（dB）（包括馈线、共用器及匹配损耗）。

另外，所谓通信系统余量是指对于一定的通信距离而言，通信系统增益或系统能力减去系统损耗的剩余量。或者说是接收机可能收到的电平减去为保证一定的信号质量而要求输入的最低保护电平的剩余量。若系统余量为 0，则表示通信概率（业务区边缘）为 50%；若系统余量大于 0，则表示通信概率大于 50%；反之，则表示通信概率小于 50%。下面举一个具体例子进行说明。

设某小区小容量（60 个用户）专用移动通信系统使用 150MHz 频段，要求通话距离为 20km，每用户忙时话务量为 0.03（Erlang），无线频道呼损率为 10%，话音质量 3 级，业务区边缘为 50%。已知在 20km 范围内，地形波动高度 $\Delta h = 80$m，基站天线高度为 100m，天线增益为 6dB，基站和移动台接收灵敏度均为 0.5μV（12dB 双工灵敏度），基站环境噪声忽略不计，移动台活动范围为低噪声区。求所需基站和移动台的发射机输出功率。

要求出发射机输出功率，必须先计算所需无线电频道数，据此确定系统结构及天线的损耗，然后，求出系统损耗和系统余量两者之和，即系统增益，再得出所需结果。其具体计算结果，如下：

① 系统话务总量　0.3×60；1.8（Kr1）；

② 无线频道呼损率 10%。

系统结构如图 6-17 所示，45 频道的天线可用 3dB（定向耦合）。4 个频道选择互调的频率 f_1、f_2、f_5 和 f_7。专用交换机

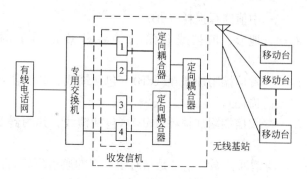

图 6-17　专用小容量移动通信系统方框图

经中继线与有线电话网相连。

系统余量根据要求的服务区边缘的通信概率为 50%。故系统余量为 0。

系统增益　$S_G = S_L + S_M = 151 + 0 = 151dB$

发射机输出功率计算式，为：

$P_t S_G - G_r - G_i + P_{min} = 151 - 6 - 2 + (-143 + 7.5) = 7.5dB$

由于从基站到移动台和从移动台到基站的中值路径损耗被认为相同，基站接收和移动台接收的恶化量 D，在本例规定条件下也近似相同，根据计算结果故移动台和基站的发信机输出功率选择 5.6W，即可满足设计需要。（详见计算略）。

参 考 文 献

［1］ 电气工程师手册. 第二版编辑委员会. 电气工程师手册. 北京：机械工业出版社，2000.6.

［2］ 王树青等. 先进控制技术及应用. 北京：化学工业出版社，2001.7.

［3］ 张瑞武. 智能建筑. 北京：清华大学出版社，2002.1.

［4］ Kuo，B. C. Automatic Contrel Systomsbth od. Englewood Cliffs，N. J：Prentice-Hall Inc，1991.

［5］ 朱林根. 现代住宅建筑电气设计. 北京：中国建筑工业出版社，2004.3

［6］ Gang Xiong，Timo R. Nyberg，Basic Stiucture. Database Technology and Building Forms used to Realize. Information Integration Strategy. Proceeding of the 3rd Asian Control Conferenec，July 4～7，2000，Shanghai，China. 3123～3128.

［7］ James W. Nool Fieldbus-It's Enoleation and Impact on Control System of the Future in Proceeding of the Industrial Computing lonfer. ence，Vol. 13 Ics/93.

［8］ Tereno Fuzzy Engineering-It's Pregrees at Life and Future Prospects in Proc. Fuzzy. IEEE/IFES'95 cont，March 1995，Yorkohama，Japan.

［9］ 韩力群. 机电系统智能控制技术. 北京：机械工业出版社，2003.4.

［10］ European Broad casting. European Standord EN 300 429V1.2.1.1997.

［11］ 孙景芝. 楼宇电气控制. 北京：中国建筑工业出版社，2004.8.

［12］ 陈红. 建筑通信与网络技术. 北京：机械工业出版社. 2004.

［13］ 储钟圻. 现代通信新技术. 北京：机械工业出版社，2004.

［14］ 牛忠霞. 现代通信系统. 北京：国防工业出版社，2003.

［15］ 刘剑波，等. 有线电视网络. 北京：中国广播电视出版社，2003.

［16］ 胡崇岳. 智能建筑自动化技术. 北京：机械工业出版社，1999.

［17］ W. Pedrycz，Fuzzy Control and Fuzzy Controls System. John Wiley ang Snons，1999.

[18]　芮静康. 智能建筑电工电路技术. 北京：中国计划出版社，2004.

[19]　芮静康. 建筑电气工程师手册. 北京：中国建筑工业出版社，2004.

[20]　王庆斌. 电磁干扰与电磁兼容技术. 北京：机械工业出版社，1999.

[21]　芮静康. 建筑通信系统. 北京：中国建筑工业出版社，2006.